LA SABERMETRÍA

TEXTO INTRODUCTORIO

Bruno Egloff

Estadísticas Sabermétricas
Texto Introductorio

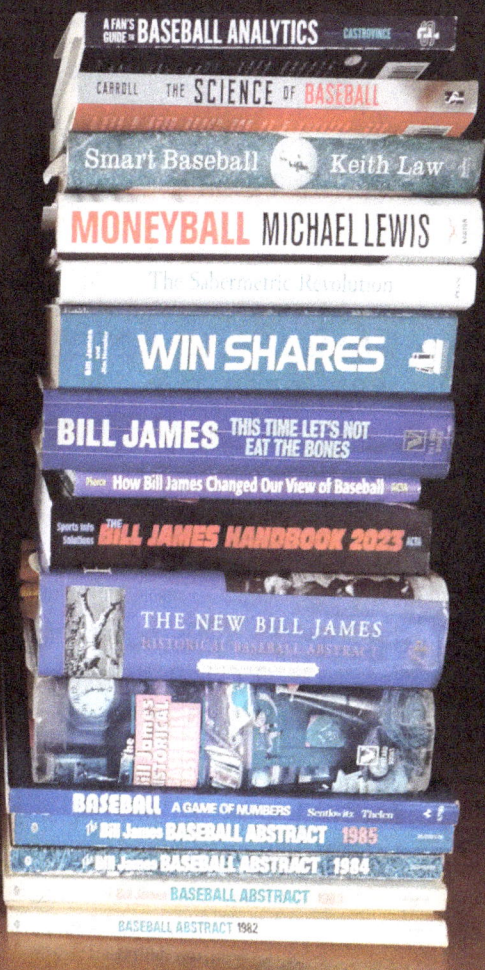

Estadísticas Sabermétricas
Texto Introductorio

Segunda Edición - 2023

Autor
Bruno Egloff

Caracas - Venezuela
begloff.okeller@gmail.com
@brunoegloff

Depósito Legal lf 25220227964066
ISBN 9798376730928

Bruno Egloff es también autor de un libro dedicado a **Las Reglas** como las utilizadas por la MLB y que ya lleva 7 ediciones impresas.

Un aporte importante en esta obra de 355 págs. son los comentarios a las reglas, las referencias cruzadas y los ejemplos que explican la forma de entender los finos detalles que subyacen dentro del texto. No menos importante es la inclusión de un amplio Índice Analítico.

Está publicado en español por Amazon.

Texto Introductorio

La **SABERMETRÍA** es un tema poco entendido inclusive por fervientes seguidores del béisbol. Ha sido mal interpretado y mal empleado desde la publicación del libro y de la película 'Moneyball'. Sin embargo, se siguen desarrollando ecuaciones con cada vez mayor contenido de información y precisión sobre el valor de cada una de las actuaciones de un pelotero con el bate, el guante, la pelota y sus movimientos dentro del campo de juego.

El exitoso Gerente Deportivo de la MLB Theo Epstein, ha sido el gran propulsor de los conocimientos que desde hace muchos años se han realizado mediante el análisis matemático-estadístico, gracias a los cuales llevó a los Medias Rojas de Boston a dos victorias en Series Mundiales (2004 y 2007) y a los Cachorros de Chicago en 2016. Pero, con preocupación, se ha percatado de los caminos equivocados que se han tomado por el mal uso de esos conocimientos y ahora aboga por un nuevo equilibrio, como consultor de la MLB en asuntos operativos en el terreno de juego (*"on-field matters"*). Esto avizora un nuevo dinamismo en la forma de concebir el juego y reglamentarlo, tanto en las Reglas Oficiales como en las otras Normas de la MLB, que atañe todas las facetas de las actuaciones del jugador dentro y fuera del terreno de juego.

Los cambios en el análisis del juego (*Analytics*) los he venido percibiendo personalmente en lecturas variadas y me impulsaron a profundizarlos, hace algo más de 25 años, al inscribirme en *SABR - Society for American Baseball Research*, organización de aficionados de más de 7.000 miembros. En ella logré instruirme de las innumerables aristas que intelectualmente ofrece este deporte, aprovechando sus publicaciones, seminarios, comités de investigación y la lista diaria de temas de discusión con sus preguntas y respuestas, vía e-mail, entre los miembros de dicha comunidad. Uno de los tópicos que más me cautivó fue el análisis cuantitativo de las actuaciones del pelotero con el guante y el bate expresado en ecuaciones matemáticas que se denomina **SABERMETRÍA**, y que me obligó a adquirir el material de estudio poco conocido en ese entonces en nuestros predios.

Ese caminar por esos nuevos senderos los he guardado en diversos documentos que presento a continuación.

Mi primera conversación con terceras personas en Caracas, la tuve en los años de 1998 con el comentarista deportivo de *DirecTV* Francisco Blavia quién, en un Blog de Rodrigo Llamozas *"Los Hijos del Patón"* que trató ese tema, escribió en 2008 que … "mi primer contacto con esta religión profesada cada día por más gente llamada SABRmétricos lo tuve a través de múltiples conversaciones con Bruno Egloff hace unos 10 años, cuando le dábamos forma al Museo del Beisbol Venezolano…"

Unos años más tarde, el 6 de septiembre 2009, la revista deportiva venezolana LÍDER publicó un extenso artículo sobre la Sabermetría (*la Pelota Matemática*), incluyendo una entrevista que me hicieron y en la cual me tildan generosamente de "pionero de esta ciencia en Venezuela". No me considero ni Experto ni Versado; pero sí, un aficionado.

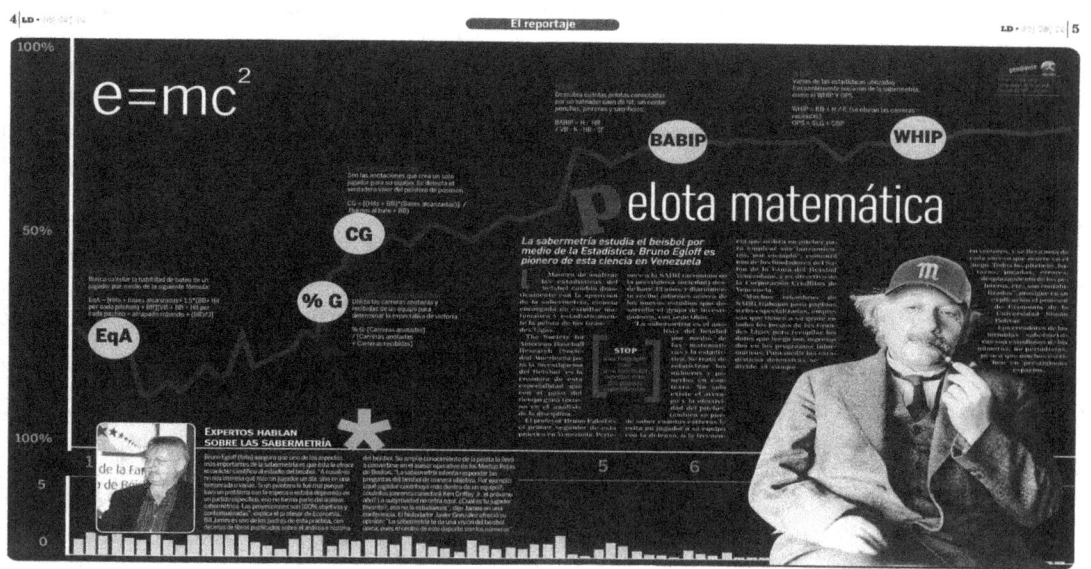

Adicionalmente, en el año 2010, intercambié opiniones con Manuel Tortolero, coautor con Frank Pereiro del blog ¨*www.plane-*

ta-beisbol.com", quién escribió en ese blog, en forma también muy generosa, que el capítulo sobre Sabermetría que había publicado en la cuarta edición, año 2010, de mi libro **LAS REGLAS** era *"realmente sensacional, de verdad pinta convertirse en un trabajo de referencia bibliográfica"*.

Una faceta importante que requiere conocer el valor de las actuaciones de un pelotero se observa siempre cuando el objetivo es identificar aquéllos que merecen una distinción o exhaltación especial o ser incorporados en un elenco de jugadores de mayor nivel.

El director de *Prodavinci* (revista digital venezolana, https://prodavinci.com) Ángel Alayón escribió un artículo en el año 2011 sobre el impacto que había tenido el libro ¨*Moneyball*¨ y relata una vivencia que tuvo en un vuelo de Puerto Rico a Caracas con un grupo de *scouts* de equipos de las Grandes Ligas que venían a Venezuela para apreciar a jóvenes talentos. Alayón les preguntó "impostando cierta ingenuidad, que si las ¨cinco¨ herramientas continúan siendo los criterios para evaluar a un prospecto. Todos, casi al unísono, me contestaron que sí. Me dicen que el béisbol no ha cambiado mucho. Que, si un jugador tiene las herramientas, se le puede enseñar a jugar... ¿Han leído *Moneyball*? ¿Qué opinan? Todos, absolutamente todos, lo habían leído. Y también todos afirmaron que era un libro que no servía para nada, que leerlo era perder tiempo. ¿Qué dice *Moneyball* que molesta tanto a mis compañeros de avión? Uno de ellos me dijo que ni en Venezuela ni en República Dominicana se puede aplicar eso de la Sabermetría, no hay estadísticas de los jugadores amateurs. Y sin estadísticas no puede haber análisis estadísticos. Las ideas tienen su tiempo, pero también su espacio".

Estas preocupaciones intelectuales las tenía cuando se me presentó, a principios del año 2002, la oportunidad de redactar el cuerpo de normas del Salón de la Fama del Béisbol Venezolano, como su primer Director Ejecutivo. En él fijé, como uno se los requisitos para ser electo como 'Inmortal', el haber sido **preseleccionado** al cumplir como pelotero **con los mínimos de desempeño** establecidos en determinados numerales de las normas que determinaban variables, *Medias y Desviaciones Típicas*, de los principales guarismos estadísticos de la actuación del pelotero en los campeonatos venezolanos de la LVBP. Este enfoque de análisis del desempeño mínimo de un jugador para honrar y distinguir sus hazañas ha sido obviado (creo) en la casi totalidad de las instituciones que se atribuyen esos derechos y organizan esos eventos. [1]

1 *Las Medias Aritméticas y las Desviaciones Típicas fueron calculadas de los datos estadísticos de peloteros que cumplen con los requisitos de tiempo establecidos en las normas del Salón de la Fama, según sus actuaciones en la LVBP en el período 1946 – 2000.*

Al final de la presente introducción anexo copia del folleto sobre las **Normas del Salón de la Fama del Béisbol Venezolano**, que redacté en el año 2002. Y a continuación resalto el cuadro de las Medias y Desviaciones Típicas de las Variables que se podían tener en cuenta en esos años para definir el Mínimo de Desempeño de un Pre-Candidato a ser exaltado por votación calificada (75% de los votos válidamente emitidos) de los miembros de su Comité Contemporáneo.

Variables de los Pre-Candidatos [Liga Central]
– Medias y Desviaciones Típicas –

Bateadores (n = 68)	Media	s
Juegos Jugados (JJ)	548	95.9
Incogibles (H)	550.3	276.5
Cuadrangulares (HR)	20.5	18.9
Carreras Impulsadas (CI)	220.8	99.4
Carreras Anotadas (CA)	258.8	129.6
Bases Robadas (BR)	43.1	34.9
Líder en Bateo de la Liga	1.26	1.85
Promedio al Bate (AVE)	.284	.017
Bases Alcanzadas (TBA)	727.7	346.2
Promedio de Embasado (PEM)	.308	.036
Promedio de Slugging (SLG)	.376	.046
Relación VB/CI	9.05	2.56
Poder Aislado (PAIS)	.097	.037
Porcentaje de HR	1.18	1.10

Lanzadores (n = 45)	Media	s
Juegos Lanzados (JL)	172.9	101.6
Juegos Completados (JC)	16.5	21.3
Juegos Ganados (JG)	39.9	23.2
Entradas Lanzadas (EL)	631.5	376.8
Ponches Otorgados (K)	367.1	213.1
Temporadas Activo	11.7	4.9
Líder Lanzador de la Liga	1.13	1.46
Promedio Ganados (PG)	.557	0.079
Puntos Fibonacci (PFI) (James)	30.7	21.7
Efectividad (EFE)	2.98	0.54
Ponches por cada 9 Entradas	5.2	1.51
Relación K / BB	1.8	0.6
Hits Permitidos por cada 9 Entradas ...	8.46	0.84
BB Otorgadas por cada 9 Entradas ..	3.21	0.86

Uno de los importantes objetivos de la inclusión en las Normas del Salón de la Fama de las variables para medir la cualidad de precandidatura de un ex pelotero, era también el incentivar la realización de amplios trabajos como el iniciado por Daniel Gutiérrez *et alea* en su valiosa obra en dos tomos titulada '**La Enciclopedia del Béisbol Venezolano'** [2]. La LVBP había editado un año antes un primer registro, coordinado por Iván Medina, de las actuaciones de los peloteros que habían participado desde la fundación de la Liga. Pero, mi objetivo más importante era el de ir orientando al elector del Comité Contemporáneo a conocer, entender y utilizar las nuevas estadísticas de análisis que se estaban desarrollando en los medios del béisbol profesional en el hemisferio norte y que poco se utilizaban en nuestro ambiente.

2 *En el Tomo I de dicha obra publicada en 1997, tuve la oportunidad de aportar un texto titulado 'Del Box Score a la Sabermetría' que Daniel Gutierrez tildó, en su Introducción, de tratarse de un tópico que "pocas, poquísimas veces es tratado".*

Lamentablemente, a raíz de mi renuncia en el año 2004 al cargo que detentaba en la organización del Salón de la Fama, la nueva directiva, con marcadas alergias hacia el análisis cuantitativo, deshizo esa parte de la normativa para colocar la antigua forma de seleccionar a precandidatos para alguna exaltación con **criterios meramente subjetivos**. A pesar de todo, observamos que hoy en día los comentaristas deportivos se han visto en la obligación de tratar de entender y de utilizar, aunque sea someramente, parte del lenguaje elaborado por la Sabermetría.

La Sabermetría no inventa ninguna nueva actuación de un jugador ni adorna la existente. Tan solo, las identifica, las reune y les aplica principios estadísticos para dar a conocer relaciones matemáticas que aportan información inteligente y que reciben un nombre que expresa su contenido.

Tomando como ejemplo el Robo de Bases, el sabermétrico reune miles de esos eventos preservando todos los elementos que los identifica, como la Cantidad de Outs existentes, Corredores en Base, la Cuenta de Bolas y *Strikes* del Bateador, y señala el porcentaje de éxito de ese robo y las consecuencias que tuvo sobre el resultado del juego.

Lo mismo lo puede realizar tomando en cuenta la jugada del

Toque de Bola para avanzar a un corredor de una base a otra al conocer cual ha sido el efecto de tener un corredor ahora en segunda, pero con un *Out* adicional. No hablamos del caso de un toque de sorpresa en determinadas situaciones apremiantes, que requieren además de la habilidad de saber Tocar, técnica que se utiliza mucho menos y por lo tanto ya no se practica.

Considerando el hecho que cada vez es mayor la aceptación del enfoque cuantitativo por parte de gran parte de los aficionados, incluí la primera versión de los métodos estadísticos de la Sabermetría en la 4ta. Edición de mi Libro **LAS REGLAS**, publicado en el año 2010. Ahora, después de su 7ma. Edición, presento ese texto como un opúsculo independiente, en el cual mantengo los mismos datos y ejemplos de la primera versión, estando consciente que en una futura edición podrían ser actualizados con estadísticas de estos nuevos tiempos.

Esta vez y en este formato, incorporo los valiosos aportes que nos presenta **Tadeo Varela**, economista venezolano con postgrado en *Sabermetrics* de la *Boston University* y con amplia experiencia profesional de muchos años como Analista Estadístico en la Liga Mexicana del Pacífico y como escritor en *Sabermétrico.com*. Además, recientemente dictó un interesante curso sobre la materia, de una semana de duración, en la *Fuenmayor University* de Miami, USA.

Para un futuro cercano, Tadeo y mi persona hemos convenido en editar un texto más amplio sobre la Sabermetría, donde incorporaremos las tendencias que aportan los nuevos conocimientos que elaboran los sabermétricos en general y las observaciones que los entendidos de ellas publican; y aprovecharemos para actualizar los ejemplos a los nuevos tiempos. Naturalmente, la voz cantante y la batuta la llevará Tadeo Varela.

En la portada de estas líneas reproduzco una fotografía de los principales libros que sobre la Sabermetría poseo en mi biblioteca personal y al final, como un anexo, el listado detallado de dicha bibliografía.

Antes de finalizar, quiero enfatizar que en el momento de re-dactar las normas para el Salón de la Fama del Béisbol Venezola-no, como ya mencionado, existía muy poca información estadística confiable y disponible al público interesado sobre el desempeño de los jugadores de la **LVBP**. Por lo tanto, la carencia de series de distintos valores sabermétricos en nuestro país me obligó a incorpo-rar un guarismo que refleja el aporte de un lanzador: tomando los números de los Juegos Ganados y Juegos Perdidos y combinándo-los, ambos, en un solo e interesante número.

Esta estadística, expresada por el método de los "**Puntos Fi-bonacci**", fue desarrollada por Bill James en su libro ´*Whatever Happened to the Hall of Fame?*´- *Baseball, Cooperstown and the Politics of Glory* y sirve como un buen predictor de los Lanzadores Abridores con posibilidad de ser seleccionados al Salón de la Fama.

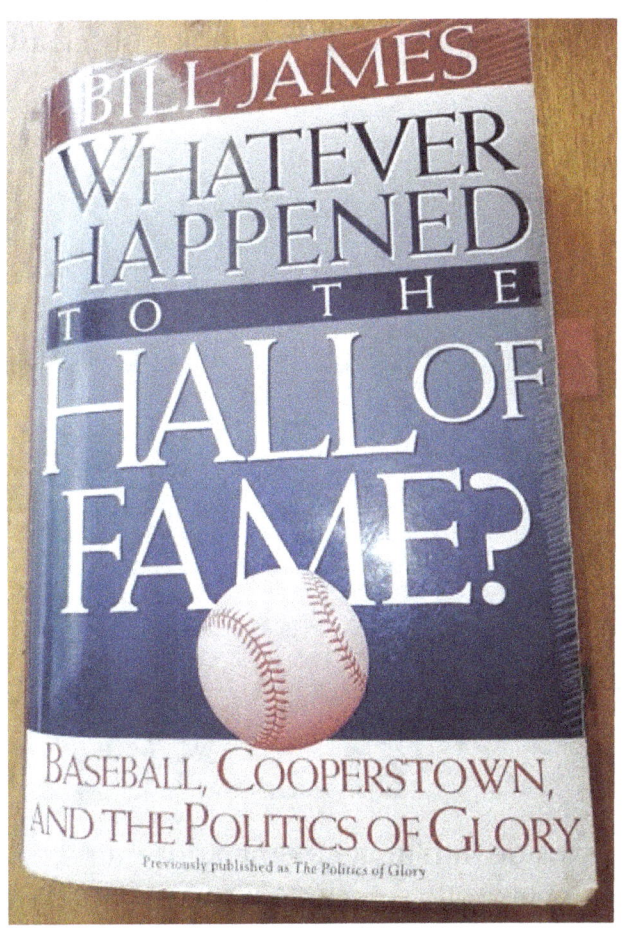

Ampliamos parcialmente aquí el método por interesante que es mirar debajo del manto matemático, mirada que muestra cómo opera el asunto. La fórmula es sencilla:

$$G * G / (G + P) + (G-P)$$

Juegos Ganados multiplicado por la relación de Juegos Ganados sobre la Totalidad de los Juegos Ganados y Perdidos más la diferencia de Juegos Ganados sobre los Perdidos.

Cuando Bill James analizó las actuaciones de sobresalientes lanzadores de la historia, obtuvo para CY Young la cifra de 511 y luego para Cristy Mathewson la de 433. En ese instante Bill James se convenció que se había topado con un *Número Fibonacci*.

Fibonacci era un matemático italiano del siglo XIII, más tarde conocido como *Leonardo de Pisa*, que le gustaba jugar con números y al colocar un segundo número y sumárselo al anterior de la siguiente forma, obtenía un nuevo número, como se observa en el cuadro a continuación:

				0
				1
0	plus	1	=	1
1	plus	1	=	2
1	plus	2	=	3
2	plus	3	=	5
3	plus	5	=	8
5	plus	8	=	13
8	plus	13	=	21
13	plus	21	=	34
21	plus	34	=	55
34	plus	55	=	89
55	plus	89	=	144

Si tomamos de la última columna dos números que se siguen y los dividimos entre ellos obtenemos (89 / 144 = **0,618**) y (144 / 89

= **1,618**). Eso seguirá siempre así, tomando dos números seguidos, siempre obtendremos 0,618 y 1,618. – Hay muchos trucos con esos números: dividiendo 1,000 entre 0,618 034 obtenemos 1,618 034 – el cuadrado de 1,618 034 es 2,618 034.

El otro lado del *Número Fibonacc*i es 0,381 966; 1 – 0,618 034 = 0.381 966; también el número 0,618 034 elevado al cuadrado da 0,381 966. Interesante, ¿verdad?

Estas secuencias *Fibonacci* se encuentran a menudo en la naturaleza: ejemplo, si una flor tiene 5 pétalos en una línea o círculo, tendrá probablemente 8 en la siguiente o 13 en la más adelante. Adicionalmente, las espirales que conforman un caracol se construyen con *Números Fibonacci*, como lo aprendieron los ingenieros y arquitectos en sus estudios de carrera. Por lo tanto, en diversos análisis estadísticos puede aparecer por accidente este fenómeno de los números.

En el béisbol hay ciertas relaciones que no son exactamente *Números Fibonacci* pero se parecen mucho. En una temporada se juegan 162 juegos, ¿verdad? – Uno más el Número Fibonacci (618 = 62) multiplicado por 100. Un porcentaje ganador de un buen equipo es aproximadamente 0,618; es decir que el primero de su división puede tener un récord de 100 – 62 y el último 62 – 100, lo que nos informa que para este último equipo su porcentaje de juegos ganados es aprox. 0,382 – el cuadrado de un *Número Fibonacci*.

Aparte de estas *coincidencias que no tienen nada que ver con* Números Fibonacci, sí es una realidad que muchos lanzadores entronizados en el Salón de la Fama en Cooperstown tienen un porcentaje de juegos ganados de 0,618.

Para ahondar más en este tópico recomendamos la lectura del escrito de Bill James.

En el momento de redactar las normas para el Salón de la Fama, lo resaltante para mí era que los **Puntos Fibonacci** nos daban adicionalmente un valor objetivo de la posible bondad de un lanzador abridor en un momento en que las estadísticas locales no nos suministraban muchas otras formas de evaluar el desempeño de un lanzador. Hoy en día, la Sabermetría nos proporciona otros valores con mucho más contenido y representatividad, como se desprende de la lectura y estudio de la presente **INTRODUCCIÓN A LA SABERMETRÍA**.

El Salón de la Fama de la MLB en Cooperstown, como casi la totalidad de organimos que enaltecen a personalidades con el epiteto de "Inmortal", no requiere de ninguna precalificación numérica basada en el desempeño en el campo de juego para ser incluido en la lista de los elegibles. Dos miembros del Comité Evaluador pueden con criterios subjetivos proponer la inclusión como Candidato de un jugador que cumple tan solo con los requisitos del tiempo. Pero, ya hay voces que señalan la necesidad de establecer un mínimo de desempeño por posición en el campo de juego para poder ser Elegible. Ahondando en el tema de crear una base objetiva para determinar un criterio cuantitativo de la cualidad de poder ser un Inmortal, el sabermétrico Michael Hoban ha ampliado el concepto de **Win Share** de Bill James para poder determinar para cada temporada las contribuciones que cada jugador ha aportado para el éxito de su equipo, incluyendo todos los logros ofensivos y defensivos y establecer un valor numérico que reproduzca el aporte total de toda su carrera. *Ver* también la página 73 de este folleto.

Otro tema importante es estar consciente que los conocimientos que aporta la Sabermetría obligará en un futuro cercano a revisar el texto de las **Reglas Oficiale**s en especial en lo que respecta el desempeño de los jugadores para hacerse merecedores de alguna distinción, como lo establece la *Regla* **9.22** (*Requisitos mínimos para los Campeonatos individuales*).

En en ese orden de ideas y en forma resumida: el Promedio al Bate es una estadística pobre de información sobre el aporte de cada bateador en su papel central de ayudar al equipo a anotar carreras, que es el objetivo primario del juego. La estadística **RC - Carreras Creadas** es en este aspecto un mejor indicativo que *AVE*, *SLG* u *OBP*, inclusive que el *OPS*.

Para evaluar a los Lanzadores, Abridores o Relevistas, se le otorga un valor exagerado al guarismo de **Juego Ganado** y se le adorna con múltiples condicionantes que ocultan el verdadero aporte de un lanzador. Entre las estadísticas que aportan valedera información destacan *WHIP, BABIP* y *FIP*.

Para los fildeadores, el conocido **PF - Promedio de Filde**o es una estadística que distorsiona el verdadero aporte defensivo de un fildeador, pues no toma en cuenta el **Alcance**, es decir el territorio que cubre el fildeador. Más bien se concentra en los **Lances**, factor que incluye los Errores, que representan un elemento muy subjetivo y que no considera otros factores del fildeo como lo es, por ejemplo, un error en un tiro a una base luego de parar un difícil batazo e impedir que produzca más daño.

En las actuales *Reglas* **Oficiales**, las mediciones Estadísticas son mucho más numerosas para describir el desempeño del Bateador y escasas para valorar el accionar del Lanzador y, en particular, para representar al Fildeador. La complejidad que se requiere para cuantificar de este último la agilidad del cuerpo y manos, la fuerza y certeza del brazo, la velocidad del desplazamiento, la ubicación dentro del campo de juego y la inteligencia que se requiere ante situaciones de juego para que un fildeador pueda impedir que un batazo se convierta en Incogible o que un corredor conquiste una base adicional.

A pesar de haberme alejado de estos análisis cuantitativos cotidianos en los últimos años, las clases dictadas hace pocos meses por el profesor Tadeo Valero (*Fuenmayor University*) sobre la materia, me han conminado a considerar su actualización en especial por las observaciones respecto a la nueva herramienta de alta tecnología desarrollada por la MLB denominada **STATCAST**, que permite dibujar, medir y registrar los movimientos y tiempos de cada pelota que sale de la mano de un jugador hasta que termina en una Pelota Muerta y los mismos datos de cada pelotero que interviene en esa corta travesía de la pelota. En cada juego se obtienen aprox. 4 Terabytes (equivalentes a 4.000 Gigabytes) de data registrada mediante equipos de radares-Doppler y cámaras de alta velocidad que luego es analizada por centenares de expertos en las más avanzadas tecnologías de información y comunicación.

Esos mismos adelantos se observan ahora en la **Ciencia de la Biomecánica**, que permite aclarar los movimientos del cuerpo mediante una especie de *Pistola de Radar* que registra, mide y dibuja los movimientos del jugador, como se hace con una pelota midiendo su velocidad y tasa de rotación. Similar al *Tracking* de la Pelota, un lanzador necesita conocer todas las características de sus movimientos para maximizar su potencial. Esos números informan si el lanzador está utilizando efectivamente el apoyo o transfiriendo la energía de sus piernas a los brazos. Esos valores, que incluyen la velocidad del brazo, informan si está alterando los movimientos para efectuar diferentes lanzamientos (vg. una Recta o un Cambio); algo que puede ser notado por un habilidoso bateador.

Estos conocimientos de la Biomecánica abren un fascinante sendero para ayudar en el desarrollo de un jugador, proteger su salud y sustentar la evaluación que pueda hacer el *Scout* de un prospecto o un equipo de las posibles proyecciones de su roster.

Cada vez estamos más cerca de unos tiempos de **big data** en la ciencia del movimiento del hombre, importante en todo su quehacer y no solo en el deporte.

Estos nuevos conocimientos van a incidir fuertemente en la identificación de cambiantes relaciones entre los diversos datos y por lo tanto en la formulación de nuevas **Estadísticas Sabermétricas** y en nuevas **REGLAS OFICIALES** que reflejen esta adquirida inteligencia para adecuar el juego a las nuevas realidades y a las exigencias generadas en las vivencias del amante del béisbol en el disfrute del juego.

Se abre de esta manera una nueva y amplia vía para entender y valorar la esencia cultural del deporte del **Guante**, del **Bate** y de la **Pelota**. Ahí quiero estar.

MÉTODOS ESTADÍSTICOS

ÍNDICE DE LOS
MÉTODOS ESTADÍSTICOS

1) ESTADÍSTICAS TRADICIONALES

A) Para medir el desempeño del **BATEADOR**
1. El Promedio al Bate (*AVE*)
2. El Promedio de *Slugging* (*SLG)*
3. El Promedio de Embasado (*OBP*)

B) Para medir el desempeño del **LANZADOR**
1. La Efectividad *EFE*
2. La Estadística *WHIP*
3. Promedio de Juegos Ganados (*G*) y Perdidos (*P*)

C) Para medir el desempeño del **FILDEADOR**
1. Promedio de Fildeo (*PF*)

D) La Tabla de Posiciones de los Equipo

2) NUEVAS ESTADÍSTICAS (SABERMÉTRICAS)

A) Para medir el desempeño del **BATEADOR**
1. La Estadística *OPS*

2. Estadísticas de Poder
    i. Porcentaje de Cuadrangulares
    ii. Poder Aislado (*ISO*)
    iii. Promedio Secundario (*PS*)
    iv. Promedio Total (*PT*)

3. Estadísticas de Producción
    i. Sistema de Ponderación Lineal de Carreras Alcanzadas (*CB*)
    ii. Carreras Creadas (*RC*)

B) Para medir el desempeño del **LANZADOR**
1. Sistema de Ponderación Lineal de Carreras Lanzadas (*PR*)
2. Sistema Simplificado de Carreras Lanzadas (*PR1* y *PR2*)
3. La Estadística *BABIP*
4. La Estadística *FIP* o *DIPS*

C) Para medir el desempeño del **FILDEADOR**
1. Factor Rango (**FR**)
2. Sistema de Ponderación Lineal de Carreras Fildeadas (**CF**)
3. Sistema *Ultimate Zone Rating* (**UZR**)

D) Para medir el desempeño del **CORREDOR**
1. Sistema de Ponderación Lineal por Robo de Base (**CRB**)

E) OTRAS ESTADÍSTICAS DE INTERÉS
1. Factor Parque (**FP)**
2. Guarismo Poder-Velocidad (**GPV**)
3. Carreras Evitadas por Defensa
4. *Win Shares* (**WS**)
5. **VORP** (*Value Over Replacement Level*)
6. **WAR** (*Wins Above Replacement*))
7. *Total Player Rating* (**TPR**)
8. **STATCAST**

MÉTODOS ESTADÍSTICOS

Las siguientes páginas explican el contenido de algunas estadísticas que miden el desempeño (actuaciones) del pelotero en el campo de juego y señalan la forma de calcularlas. Más allá de las fórmulas tradicionales y conocidas desde más de un siglo, hemos incluido algunas de las nuevas formas numéricas que permiten entender mejor el juego, apoyándonos en la **Sabermetría** (método analítico que busca el conocimiento objetivo del juego de béisbol a través de técnicas matemáticas y estadísticas) que desarrolla desde hace varias décadas mediciones sobre el aporte que hace un jugador para que su equipo produzca carreras o impida que el equipo contrario anote carreras.[1]

1) ESTADÍSTICAS TRADICIONALES

A) Para medir el desempeño del BATEADOR:

• El *Promedio al Bate* (*AVE*) mide la frecuencia con la que un bateador logra un Incogible (*H*), calculada dividiendo la cantidad de veces que llegó a una base mediante un sencillo (1B), un doble (2B), un triple (3B) o un cuadrangular (*HR*) entre los Turnos Legales al Bate que tuvo en un período determinado (VB). Ver *Regla* **9.02(A)(1)**.

$$AVE = \frac{\text{Cantidad de Incogibles}}{\text{Turnos Legales al Bate}} = \frac{H}{VB}$$

Ejemplo: Si un bateador logra batear 142 Incogibles en 445 Turnos Legales al Bate, su Promedio al Bate sería de:

$$AVE = \frac{142 \text{ Incogibles}}{445 \text{ Turnos al Bate}} = .319$$

Nota: No se puede hablar de Porcentaje al Bate, porque la relación existente es un Tanto por Mil y no por Cien, calculado siempre con tres dígitos después del Punto (o coma), redondeado al dígito más cercano.

• El **Promedio de Slugging** (**SLG**) [a veces se utiliza la abreviación **SA = Slugging Average**] es un indicativo de poder y se determina tomando en cuenta la cantidad de Bases Alcanzadas con cada Incogible.

$$SLG = \frac{\text{Cantidad de Bases Alcanzadas}}{\text{Turnos al Bate}} = \frac{BA}{VB}$$

Supongamos que de los 142 Incogibles 94 eran sencillos, 27 eran de dos bases, 6 eran de tres bases y 15 eran cuadrangulares: por ende, la Cantidad de Bases Alcanzadas es de 226, por cuanto:

94 Sencillos x 1 Base	=	94	Bases Alcanzadas
27 Dobles x 2 Bases	=	54	Bases Alcanzadas
6 Triples x 3 Bases	=	18	Bases Alcanzadas
15 Cuadrangulares x 4 Bases	=	60	Bases Alcanzadas
142 Incogibles	=	226	Bases Alcanzadas

Una manera rápida de calcular las Bases Alcanzadas es la de sumarle a los Incogibles los Dobles, los Triples multiplicados por 2 y los Cuadrangulares multiplicado por 3; 142 + 27 + 6 x 2 + 15 x 3 = 226

Dividiendo la cantidad de Bases Alcanzadas (**BA**) entre los Turnos al Bate obtenemos un valor de Slugging de .508:

$$SLG = \frac{226 \text{ Bases Alcanzadas}}{445 \text{ Turnos al Bate}} = .508 \text{ Bases por Turno}$$

• El **Promedio de Embasado** (**OBP**) mide la frecuencia con la cual se embasa un bateador por un Incogible, una Base por Bolas, o por haber sido Golpeado por el Lanzador. Cada vez más, esta estadística se está convirtiendo en el indicador más empleado de la habilidad y de la destreza del bateador.

Para calcular el Promedio de Embasado, se divide el número de veces que el Bateador se embasó por Incogibles, BB y GP entre la suma de:

1. Turnos al Bate (VB).
2. Cantidad de Bases por Bolas recibidas (BB).
3. Cantidad de veces que ha sido Golpeado (GP).
4. Elevados de Sacrificios (*SF*).

Nota: se desestiman tanto las Interferencias (I), como las Obstrucciones (O) realizadas al Bateador.

$$OBP = \frac{\text{Incogibles} + \text{BB} + \text{GP}}{\text{VB} + \text{BB} + \text{GP} + SF} = \frac{\text{Incogibles} + \text{BB} + \text{GP}}{\text{Apariciones} - [I + O]}$$

Ejemplo: en sus 510 Apariciones al Plato (AP), el Bateador logró 142 Incogibles, recibió 46 BB, fue Golpeado 9 veces, bateó 8 Elevados de Sacrificio y se embasó 2 veces por I. De estas Apariciones, 65 no representan Turnos al Bate [46 BB, 9 GP, 8 *FS* y 2 I]; por lo tanto, los Turnos al Bate son 445 [= 510 – 65].

$$OBP = \frac{142 + 46 + 9}{445 + 46 + 9 + 8} = \frac{197}{508} = .388$$

En el ejemplo utilizado el Bateador alcanzó un buen Promedio al Bate de .319, un Promedio de Embasado superior en un 22% de .388 y un respetable *Slugging* de .508 .

La estadística **OBP** es de reciente incorporación en el libro oficial de las Reglas, temporada de 1984, *Regla* **9.21**.

- Otras Estadísticas Oficiales de interés son los **Totales** de:
    1. Carreras Impulsadas (CI); *Regla* **9.04**
    2. Carreras Anotadas (CA); *Regla* **9.02(A)(2)**
    3. Cuadrangulares (*HR*); *Regla* **9.07(A)(7)**
    4. Bases Robadas (*BR*) y Veces Atrapado Robando (*AR*); *Regla* **9.07**
    5. Veces que haya sido Ponchado (*SO*); *Regla* **9.15**
    6. Juegos Jugados (*JJ*); *Regla* **9.03**

Una **Aparición al Plato** (**AP**) ocurre cada vez que el Bateador se enfrenta al Lanzador, independientemente del resultado (VB, *Out*, H, BB, GP, *SH* [Toque de Sacrificio], *SF*, I [Interferencia] u O [Obstrucción]). Ver *Regla* **9.22(A)**.

Se considera sólo como un **Turno al Bate** (**VB**) cuando el Bateador logra un Incogible, lo eliminan (le hacen *Out*) o llega a la primera base por un Error de la defensiva. No cuentan como Turnos al Bate Apariciones al Plato que resultan en un Elevado de Sacrificio, Toque de Sacrificio, Base por Bolas, Golpeado por un Lanzamiento o por una Interferencia u Obstrucción que le otorguen la primera base. Ver *Reglas* **9.02(A)(1)**, **T.35(B)** y **T.55**.

B) Para medir el desempeño del LANZADOR:

• La *Efectividad* (*EFE*) (*ERA*) mide la habilidad de un Lanzador en impedir que le anoten Carreras. El guarismo representa el promedio de Carreras Limpias que el Lanzador permite cada nueve Entradas y para las cuales él es responsable. Ver *Regla* **9.16** y **9.21(E)**.

El equipo contrario debe "ganarse" las carreras y por esta razón no se incluyen las carreras anotadas debidas a un Error de la defensa, pero sí las originadas por un *Wild Pitch*, que se considera una falla del mismo Lanzador. Ver en especial la *Regla* **9.16(B)**. El proceso para definir si una Carrera es Limpia en la cual esté presente uno o varios Errores de la defensiva se basa en una reconstrucción de la Entrada sin considerar dichos Errores. Ver *Regla* **9.16(A)**.

Ejemplo: un Lanzador permite 15 Carreras Limpias (CL) en 42 Entradas (IP) y 2/3 de Entrada [2/3 de Entrada se refiere a que el Lanzador sacó 2 *Outs* en la siguiente Entrada, la # 43, de los 3 *Outs* de esa Entrada].

$$EFE = \frac{\text{Carreras Limpias Permitidas}}{\text{Cantidad de Entradas Lanzadas}} \times 9 = \frac{CL}{IP} \times 9$$

En los casos en los que el número de Entradas no sea un número entero, se simplifica el cálculo reduciendo todas las Entradas a tercios de Entrada y multiplicando entonces el cociente por 27 en vez de 9. En el ejemplo, obtenemos 128 tercios de Entrada y la *EFE* es 3.16 Carreras Limpias permitidas por cada 9 Entradas lanzadas.

• La estadística **WHIP** [*Walks*, *Hits*, *Innings Pitched*] nos da información sobre el control que tiene el Lanzador en sus Lanzamientos, por cuanto refleja, en promedio, la cantidad de Bases por Bolas (*Walks*) otorgadas y los Incogibles (*Hits*) permitidos por Entrada lanzada (*IP*). Si en el ejemplo anterior observamos que en ese mismo número de Entradas [es decir, en 42 Entradas y 2/3 de Entrada = 128 *Outs*] el Lanzador otorgó 19 BB y permitió 22 Incogibles, obtenemos un valor de **WHIP** de 0.96.

$$WHIP = \frac{BB + H}{IP} = \frac{19 + 22}{128} \times 3 = 0.96$$

$$WHIP = \frac{41}{128 / 3} = \frac{41}{42.67} = 0.96$$

En otras palabras, al Lanzador se le embasaron en promedio 0.96 Bateadores por cada Entrada lanzada, debido a Base por Bolas otorgadas o Indiscutibles permitidos. Multiplicamos por 3 en vez de 27, por cuanto el resultado que buscamos es un **Promedio por Entrada** lanzada y no por cada 9 Entradas.

• El *Promedio de Juegos Ganados* (**G**) *y Perdidos* (**P**) se calcula relacionando la cantidad de los Juegos Ganados entre la suma de los Juegos Ganados y de los Perdidos. Ver la *Regla* **9.21(A)**. Este promedio no refleja o considera la cantidad de Entradas lanzadas, sólo si ganó o perdió un Juego según la *Regla* **9.17**.

Ejemplo: Un lanzador ha ganado 8 Juegos y perdido 3 Juegos. Luego el Promedio será de .727;

$$PROM\ GyP = \frac{8\ Juegos\ Ganados}{8\ Juegos\ Ganados + 3\ Perdidos} = \frac{8}{11} = .727$$

Es decir, este Lanzador ha **ganado** el 72.7% de las veces que tuvo decisión (que ganó o perdió) y no de la cantidad de Juegos en los que participó. Ver *Reglas* **9.17** y **9.21(A)**.

• Otras Estadísticas Tradicionales de interés son los **Totales** de:

1. Juegos Salvados / *Saves* (JS/*Sv*); Ver *Regla* **9.19**
2. Blanqueos / *Shutouts* (BL/*ShO*); Ver *Regla* **9.18**
3. Juegos Iniciados / *Games Started*
4. Juegos Completados / *Completed Games*
5. Lanzamiento Descontrolado / *Wild Pitch* (WP); Ver *Regla* **T.04** y **T.50**
6. Cuadrangulares Permitidos / *HR allowed* y otros tipos de Incogibles.
7. Soporte de Carreras / *Run Support*. Para que un Lanzador logre ganar un Juego, no solamente debe lanzar en forma eficiente, sino que su Equipo debe anotar suficientes Carreras.

8. Relación *SO/BB*. Cantidad de Ponches otorgados entre las BB.

9. Relación *G/F*. Rodados (*G*) como dividendo y Elevados (*F*) como divisor.

10. Para un Relevista se anotan la cantidad de Corredores Heredados, los que ya estaban embasados cuando entró a lanzar y los que de ellos hayan anotado mientras él estuvo lanzando.

11. Promedio de Bateo del Oponente durante su actuación.

12. *Blown Saves* (*BS*) Oportunidades de Salvado fallidas.

13. *Hold* (*H*) Ventaja preservada.

C) Para medir el desempeño del FILDEADOR:

• El **Promedio de Fildeo** (**PF**) relaciona los intentos de fildeo exitosos con la totalidad de los Intentos (Lances) que incluyen los Errores (E) de fildeo. El Error (E) se diferencia del *Out* (O) logrado y de la Asistencia (A). Esta última se anota cuando un fildeador participa directamente en una jugada que logra eliminar a un corredor o a un bateador-corredor.

$$PF \; = \; \frac{O + A}{O + A + E} \; = \; \text{Promedio de Éxito}$$

Ejemplo: El Campocorto Omar Vizquel, jugando para los Indios de Cleveland en el año 2000, logró los siguientes numeritos: 230 *Outs*, 414 Asistencias y cometió 3 Errores en 647 Lances Totales para un Promedio de Fildeo de .995

$$PF \; = \; \frac{230 + 414}{230 + 414 + 3} \; = \; \frac{644}{647} \; = \; .995$$

Un Promedio de Fildeo de 1.000 representa una actuación libre de Errores, hecho rara vez encontrado en los anales del béisbol, inclusive en pequeños períodos de tiempo.

Las Reglas Oficiales en su **Capítulo 9.00** [ver la *Regla* **9.21**] considera, en total, tan sólo seis Estadísticas como oficiales. Para los Bateadores considera tres, para los Lanzadores dos y para los Jugadores al Campo una. Estas son:

1. Para los Bateadores:
   a) Promedio al Bate (*AVE*). *Regla* **9.21(B)**
   b) Promedio de *Slugging* (*SLG*). *Regla* **9.21(C)**
   c) Promedio de Embasado (*OBP*). *Regla* **9.21(F)**
2. Para los Lanzadores:
   a) Promedio de Juegos Ganados y Perdidos. *Regla* **9.21(A)**
   b) Efectividad (*EFE*). *Regla* **9.21(E)**
3. Para los Jugadores al Campo:
   a) Promedio de Fildeo (*PF*). *Regla* **9.21(D)**

Las condiciones para designar a los **Campeones Individuales** están definidas en la *Regla* **9.22**. De las seis Estadísticas de la *Regla* **9.21**, antes mencionadas, se elimina en la *Regla* **9.22** la Estadística **9.21(A)**, otorgándole a los Bateadores tres Campeonatos, y un sólo Campeonato tanto a los Lanzadores como a los Jugadores al Campo.

Como podemos observar, las Mediciones Estadísticas son mucho más numerosas para describir el desempeño del Bateador y escasas para describir el accionar del Lanzador y en especial para representar al Fildeador por la complejidad que se requiere para cuantificar de éste la agilidad del cuerpo y manos, la fuerza y certeza del brazo, la velocidad de desplazamiento, la ubicación dentro del campo de juego y la inteligencia ante situaciones del juego que se requiere para que un fildeador pueda impedir que un batazo se convierta en Incogible o que un Corredor conquiste una Base adicional. Adicionalmente se debe considerar que en el guarismo *PF*, el denominador que incluye los Lances, los Errores forman parte esencial, lo que representa un factor muy subjetivo y que no considera otros factores del fildeo, como lo es un error en el tiro a una base luego de parar un dificil batazo e impedir que produzca más daño.

D) La TABLA DE POSICIONES de los Equipos:

Como en un momento dado durante una temporada no todos los equipos han realizado la misma cantidad de juegos, se observa muchas veces que en la Posición de los Equipos uno de ellos tiene una diferencia con otro de 1/2 juego lo que confunde a algunos amigos del béisbol.

Ejemplo: La siguiente Tabla está tomada de la última semana de la Ronda Regular del Campeonato 2009/2010 de la LVBP:

	J	G	P	AVE	JV
Magallanes	60	39	21	.650	--
Caracas	60	39	21	.650	--
Tiburones	61	31	30	.508	8 1/2
Bravos	60	28	32	.467	11
Aguilas	60	28	32	.467	11
Cardenales	60	27	33	.450	12
Tigres	59	26	33	.441	12 1/2
Caribes	60	22	38	.367	17

De la tabla se desprende que los Tiburones estaban en ese momento a 8,5 Juegos del Magallanes (JV = Juegos de Ventaja), cifra que se obtiene al sumar la diferencia de los Juegos Ganados (39 – 31 = 8) y la diferencia de los Juegos Perdidos (30 – 21 = 9) y dividir dicha suma (8 + 9 = 17) entre 2. Así, de la misma manera, la diferencia entre los Cardenales y los Tigres es de 1/2 Juego.

$$JV = \frac{(G_1 - G_2) + (P_2 - P_1)}{2} = \frac{(39 - 31) + (30 - 21)}{2} = \frac{8 + 9}{2} = 8\ 1/2$$

2) - ESTADÍSTICAS SABERMÉTRICAS

A) Para medir el desempeño del BATEADOR:

• La **Estadística OPS** (**O**n Base Percentage **P**lus **S**lugging) combina el Promedio de Embasado con el *Slugging*, y representa una manera rápida y muy efectiva de medir la productividad de un Bateador al unir estas dos estadísticas que miden las habilidades más importantes requeridas del Bateador: **embasarse y avanzar a los corredores**. A pesar de tener denominadores distintos (**OBA** = VB; **SLG** = AP), para mayor facilidad se suman dichas estadísticas; aunque multiplicarlas sería lo más correcto.

$$OPS = OBP + SLG$$

Tomando como ejemplo los valores anteriormente calculados para **OBP** y **SLG**, obtenemos un **OPS** de .896 (.508 + .388 = .896).

El pelotero Barry Bonds terminó la temporada de 2001 con un **OPS** de 1.379, que empataba con el *OPS* de la temporada de 1920 de

Baby Ruth. Si ampliamos los números a 4 decimales Ruth gana, 1.3791 vs 1.3785. Pero, ¿porqué debería ganar Ruth? Las Reglas Oficiales no eran las mismas en 1920 que en 2001, por cuanto en 1920 los **FS** (*Fly* de Sacrificio) contaban simplemente como Sacrificio y no entraban a formar parte del denominador de **OBP**, mientras que en 2001 la Regla desfavorecía Bonds (ver *Regla* **9.08** y el comentario del autor). Si la estadística de Bonds se hubiera calculado con la Regla vigente en 1920 su **OPS** se hubiera elevado a 1.380 y si, a la inversa, sólo uno de los "sacrificios" de Ruth hubiera sido considerado como un **FS**, su **OPS** hubiera descendido a 1.378.

Como nota curiosa, reproducimos las mejores temporadas de los 3 Bateadores que hasta la fecha han logrado los guarismos más elevados de **OPS** [tomados de la página Web de la Major League Baseball (MLB)]:

Bateador	Año	VB	AVE	BB	OBP	SLG	OPS	HR
B. Bonds	2004	373	.362	**232**	**.609**	.812	**1.422**	45
B. Bonds	2001	476	.328	177	.515	**.863**	1.379	**73**
B. Ruth	1920	458	.376	150	.532	.847	1.379	54
B. Ruth	1921	540	.378	144	.512	.846	1.358	59
B. Ruth	1923	522	.393	170	.545	.764	1.309	41
T. Williams	1941	456	**.406**	145	.551	.735	1.286	37
B. Ruth	1927	540	.356	137	.486	.772	1.258	60
T. Williams	1957	420	.388	119	.526	.731	1.257	38

• **Estadísticas de Poder:**

1. El **Porcentaje de Cuadrangulares** (**HR** %) nos indica la cantidad de Cuadrangulares que un Bateador conecta cada 100 Turnos al Bate.

$$HR\% = \frac{HR}{VB} \times 100$$

Al relacionar los Cuadrangulares con los Turnos al Bate introducimos el concepto de la "**Relatividad**", que nos permite poner una Estadística en un determinado contexto. Si la relacionamos con la correspondiente Estadística del Equipo o de la Liga, hablamos de "**Normalizar**" los datos, lo que nos permite realizar comparaciones más informativas.

Ejemplo: En la temporada 1979/80 de la LVBP, Baudilio Díaz largó 20 Cuadrangulares, que a la fecha todavía conforman el Récord de la Liga. Calculando el Porcentaje de Cuadrangulares (HR%) obtenemos el valor de 8,10 por haberlos logrado en 247 Turnos al Bate. Es decir, Baudilio bateó 8,1 Cuadrangulares cada 100 Turnos al Bate. Si queremos Normalizar esta Relación necesitamos dividir la totalidad de los HR bateados en la Liga en esa temporada (174) entre la totalidad de los Turnos al Bate de todos los Bateadores (13.778); lo que nos da un cociente de 1,26; es decir, en promedio, ese año en la liga se batearon un poco más de un cuadrangular cada 100 Turnos al Bate. Si relacionamos ambos porcentajes, conocemos que Baudilio bateó 6.4 veces más HR que el promedio de la liga en esa temporada: (8,10 / 1,26 = 6,4). [2]

Otro ejemplo normalizado de las Grandes Ligas (MLB) ilustra la posibilidad de comparar estadísticas de Bateadores que actuaron en distintas épocas: [3]

Año	Bateador	Equipo	HR	VB	HR – MLB	VB – MLB
1920	Babe Ruth	Yankees	54	458	630	84.176
1932	Jimmie Foxx	Atléticos	58	585	1.385	87.193
1961	Roger Maris	Yankees	61	590	2.730	97.032
1977	George Foster	Rojos	52	615	3.644	143.974
1998	Mark McGwire	Cardenales	70	509	5.061	167.034
2001	Barry Bonds	Gigantes	73	476	5.461	166.255

Una vez calculados los Porcentajes de Cuadrangulares, tanto para el Bateador (para Ruth en 1920: 54 / 458 = 0,11790) como para las Grandes Ligas (MLB) en su totalidad (para el año 1920: 630 / 84.176 = 0,00748), tomamos los datos de los Bateadores como numeradores y los de la MLB como denominadores y obtenemos los resultados:

Bateador	Año	HR % Bateador	HR % MLB	Relación
Babe Ruth	1920	0,11790	0,00748	15,75
Jimmie Foxx	1932	0,09915	0,01588	6,24
Roger Maris	1961	0,10339	0,02814	3,67
George Foster	1977	0,08455	0,02531	3,34
Mark McGwire	1998	0,13752	0,03030	4,54
Barry Bonds	2001	0,15336	0,03285	4,67

Interpretando estas relaciones, observamos que Babe Ruth dominó con creces a los otros Bateadores de **su época**, al batear casi 16 veces más cuadrangulares por cada 100 Turnos al Bate que el promedio en su totalidad de las Grandes Ligas y lo que puede ser un indicador de lo difícil que era batear un Cuadrangular ese año. Ruth logró conectar, relativo a sus Ligas y sus épocas, aprox. 5 veces más Cuadrangulares que Foster, el mejor jonronero de 1977.

Si comparamos los ejemplos de las Grandes Ligas con el descrito de la LVBP de la temporada 1979/80, podemos deducir que Baudilio Díaz tuvo una temporada similar a la de Jimmie Foxx en el año 1932, que ha sido una de las mejores históricamente, lo que pone de relieve la excelente actuación del criollo.

2. El **Poder Aislado** [**Isolated Power** (**ISO**)] nos informa de la cantidad de bases que el Bateador logra conquistar más allá de la primera base [BA (Bases Alcanzadas) - Incogibles (H)] por cada Turno:

$$ISO = SLG - AVE = \frac{BA}{VB} - \frac{H}{VB} = \frac{BA - H}{VB}$$

Tomando los datos de la temporada 1979/80 de Baudilio Díaz [76 (H), 16 (2B), 1 (3B), 20 (HR) y 247 (VB)] obtenemos el siguiente valor:

$$BA = 76 + 16 + 1 \times 2 + 20 \times 3 = 154 \qquad ISO = \frac{154 - 76}{247} = .316$$

Este Valor de **ISO** nos informa que Baudilio, en la temporada 1979/80 alcanzó 3,16 bases más allá de la Inicial cada 100 Turnos al Bate. Un Bateador de AVE 1.000, que batea solo sencillos, tendría un **ISO** de 0.000 y si batea solamente Cuadrangulares, tendría un **ISO** de 3.000; veamos la siguiente tabla:

VB	1B	2B	3B	HR	AVE	SLG	ISO	BASES más allá de Primera
10	1	0	0	0	.100	.100	.000	0
10	1	1	0	0	.100	.200	.100	1
10	1	0	1	0	.100	.300	.200	2
10	1	0	0	1	.100	.400	.300	3

Comparando Estadísticas tanto de la **LVBP** como de la **MLB** observamos a Bateadores de poco **ISO** a pesar de presentar altos Promedios al

Bate (AVE), porque su característica de bateo no es el Poder, sino regar de Incogibles el terreno de juego [las cifras de los primeros cuatro Bateadores de la **LVBP** provienen de pocas temporadas]: [4]

LVBP				MLB		
	ISO	AVE			ISO	AVE
Bob Darwin	.258	.293		Babe Ruth	.348	.342
Pablo Sandoval	.233	.382		M. McGwire	.325	.263
J. Pendleton	.211	.314		Barry Bonds	.309	.298
Dave Parker	.178	.347		Ted Williams	.289	.344
A. Galarraga	.170	.271		Joe Dimaggio	.254	.325
Antonio Armas	.170	.260		Hank Aaron	.250	.305
Vidal López	.169	.308		Stan Musial	.228	.331
Baudilio Díaz	.144	.281		Dave Parker	.181	.290
Victor Davalillo	.086	.325		Ty Cobb	.146	.366
César Tovar	.078	.293		Pete Rose	.106	.303

3. El ***Promedio Secundario*** (***PS***) [***Secondary Average***] señala las bases que el bateador conquista, sin batear, sumadas a las logradas al batear más allá de la primera; todo lo cual es relacionado a VB.

$$PS = ISO + \frac{BB + (BR - AR)}{VB} = \frac{(BA - H) + BB + (BR - AR)}{VB}$$

4. El ***Promedio Total*** (***PT***) [***Total Average***] presenta la relación fundamental entre la Bases Ganadas y los *Outs* causados. Une las dos medidas básicas del béisbol –**la Base Alcanzada y el Out**–. Cada Base es un paso más cerca del *Home* y cada *Out* es un paso más cerca del final de la Entrada.

$$PT = \frac{BA + BB + GP + (BR - AR)}{(VB - H) + AR + BPDP}$$

donde: [BR – AR] = Bases robadas netas
[VB – *H*] = Veces *Out* como Bateador
[BPDP] = Al batear para DP se elimina a otro compañero

En 1981, Baudilio Díaz con el Cleveland tuvo el siguiente **Promedio Total**:

$$PT = \frac{97 + 13 + 1 + (2 - 2)}{(182 - 31) + 2 + 7} = \frac{111}{160} = .694$$

Jugadores fantásticos llegan en la MLB a 1.000 **PT**; 800 **PT** indica nivel *All Star* y 700 **PT**, son de jugadores de todos los días.

• *Estadísticas de Producción*

Ganar es el fin y propósito del juego. Este objetivo se determina por la cantidad de las Carreras Anotadas y de las Carreras Permitidas. Las carreras a su vez están en proporción a los eventos que las generan. Las estadísticas anteriores de bateo miden la **tasa** de éxito del bateo (eficiencia, expresada en promedios); las siguientes, en cambio, reflejan la **cantidad** de éxito del bateo (Carreras Producidas).

En los años ochenta se realizaron por computadoras centenares de miles de simulaciones de juegos de la MLB para disecar y analizar los récords de los juegos ganados y perdidos de los equipos en sus componentes atribuibles a los distintos jugadores y a los eventos que generaron los movimientos en las bases, hasta la anotación de carreras, objetivo central para lograr la victoria del juego.

De este amplio análisis surgieron dos herramientas que aportan conocimientos esenciales para entender lo que acontece en cada evento que realiza la ofensiva o que trata de impedir la defensiva de un equipo: **La Ponderación Lineal** y **La Matriz de los 24 Estados Base-Out**.

1. El **Sistema de Ponderación Lineal de Carreras Alcanzadas** (*Linear Weight System*) [**Carreras Bateadas** (**CB**) o *Batting Runs* (**BR**)] evoluciona de estas simulaciones en los cuales se identificaron las frecuencias de cada uno de los eventos que contribuyen a generar una carrera. Las tablas que reproducimos más adelante nos indica el Valor obtenido de los distintos eventos, expresado en función de las carreras generadas.

Intrínsecamente, sabemos que deberíamos valorar los dobles más que los sencillos o los jonrones más que los boletos, pero determinar exactamente cuánto más, requiere de la *Ponderación Lineal*, que determina el Valor Promedio en Carreras de BB, HBP, 1B, 2B, 3B y HR.

Esto nos da a conocer en la siguiente tabla las carreras, por encima del promedio, producidas por cada uno de los tipos de eventos, también conocidas como Ponderaciones Lineales, valores expresados en función de las carreras generadas:

Sencillo (1B)	**0,46** carreras	Doble (2B)	**0,82** carreras
Triple (3B)	**1,02** carreras	Cuadrangular	**1,40** carreras
BB y GP	**0,33** carreras	Base Robada	**0,30** carreras
AR	**– 0,60** carreras	Out	**– 0,305** carreras

Un *Out* es considerado un VB fallido [VB – (H + SF + BPDP)] y su valor es determinado para la temporada de una Liga de tal manera que la suma de todos los eventos multiplicados por sus frecuencias sea cero, estableciendo así el cero como la línea base, la norma de desempeño. Así se obtiene la siguiente fórmula:

CB = (0,46*1B) +(0,82*2B) +(1,02*3B) +(1,4*HR) +0,33(BB+GP) +0,3BR –0,6AR – 0,305 **Outs**

Más adelante se reproducen las Carreras Bateadas de los 20 Bateadores con el más alto valor de CB de la temporada 2009 - 2010 de la LVBP. La suma de todos los valores de CB de la Liga es 0,0; valor que se cumple al despejar el coeficiente de la variable Outs de la fórmula, que en este caso es 0,305.

2. El **Sistema de** *Run Expectancy Matrix*; **La Matriz de las Expectativas de Carreras – Los 24 Estados Base-*Out*.**

En las simulaciones que realizó de todos los juegos jugados entre 1900 y 1970, Pete Palmer calculó la Expectativa de producir Carrera de cada posible estrategia ofensiva y logró establecer una Matriz del potencial de carreras para cada uno de las 24 Estados Base-*Out* (en el ejemplo, copiamos la Matriz para el periodo 1961 – 1977). [5]

Hay 8 combinaciones de corredores en base en 3 situaciones de Outs distintas, para un total de 24 Estados Base-*Out*.

Para Interpretar la Matriz: Al inicio de una media entrada, sin Outs y nadie en base, en esos años el potencial de anotar era de 0.454.

Si hay un corredor en tercera y un Out, el equipo debería anotar, en promedio, 0.897 carreras. ¿Esto quiere decir que en un 89,7 % el corredor de tercera va a anotar? No, lo dice. En cambio, sí dice, que

MATRIZ de Expectivas de Carreras para los 24 Estados BASE - OUT			
Corredores en base	Cantidad de Outs		
	0	1	2
X X X	0.454	0.249	0.095
1a X X	0.783	0.478	0.209
X 2da X	1.068	0.699	0.348
X X 3ra	1.277	0.897	0.382
1a 2da X	1.380	0.988	0.457
1a X 3ra	1.639	1.088	0.494
X 2da 3ra	1.946	1.371	0.661
1a 2da 3ra	2.254	1.546	0.798

ese potencial es una función de tener un corredor en tercera y al menos dos bateadores adicionales en esa media entrada, obviando un doble-*play*, un corredor sorprendido o un robo fallido.

El primer bateador tenía, con un Out y sin hombre en base, el potencial de 0.249, lo que nos informa que en la situación planteada con hombre en tercera y un Out, le corresponden al Bateador (de los 0.897) un 0.249 y al corredor, el restante 0.648; lo que indica que ese corredor va a anotar, en promedio, un 64,8 % de las veces.

Cada Aparición al Plato mueve el juego de un estado a otro. Entonces, si el bateador conecta un doble con un hombre en primera y un Out, pasa al estado de »hombre en tercera y segunda y un Out«. Si este estado tiene un valor de Expectativa de Anotación de 0.478 y el estado anterior tenía un valor de 1.371, su Aparición al Plato lo movió de 0.478 a 1.371, entonces esa Aparición en el Plato valió +0.893 en términos de Expectativas de Carrera.

Si tomamos el valor total de carreras de todos los boletos, por ejemplo, y dividimos ese número por la cantidad de boletos de esa temporada, terminas obteniendo un valor alrededor de 0,3. Repetimos esto para cualquier tipo de evento que se desee. De esta manera se obtiene una base para ponderar las distintas opciones estratégicas que tiene un Manager su disposicióm como lo son: tocar para adelantar a un corredor, robar una base, etc. y cambiar un Estado Base-Out por otro Estado.

3. *Carreras Creadas* [*Runs Created **(RC)***] es una forma de estimar la cantidad de Carreras Creadas u Originadas por la Ofensiva de un Bateador en una temporada. También es una forma de conocer cuantas carreras crea un Bateador por cada 27 *Outs* (equivalente a un Juego de 9 Entradas). Es decir, se sabe cuántos *Outs* "gasta" o "utiliza" en la creación de las carreras. Tomando el ejemplo de T. Evans, lider en **RC** en la temporada 2009/10 de la LVBP con 54, obtenemos un valor de 10,2 dado que bateó para 143 *Outs*; lo que es lo mismo: un equipo de 9 Evans anotarían 10,2 Carreras por Juego, comparado con los 5,3 que se anotaron por Juego en la Liga en esa temporada. Si se suma la cantidad de Carreras Creadas por cada uno de los Bateadores de un equipo se llega a una cifra muy cercana al total de las Carreras Anotadas por el equipo; Así mismo, si comparamos las **RC** de todos los Bateadores de una Liga de una temporada con las CA de la Liga se observa la misma aproximación. Existen varias fórmulas dependiendo de la información estadística disponible en cada temporada. La representatividad de estas fórmulas ha sido comprobada por medio de técnicas de la estadística matemática. Más abajo se reproducen las cifras de las **RC** de los Equipos y más adelante las **RC** de los bateadores más destacados (*ver* pág. 39).

La Estadística "**Carreras Creadas**" incluye en el cálculo tres factores: el **elemento (A)** representa la cantidad de veces que un Bateador conquista una base por Incogible (*H*), Base por Bolas (BB) o por ser Golpeado (GP) restándole las veces que él es Atrapado Robando (AR) y las veces que batea para un Doble *Play* (BPDP). El segundo **factor (B)** es igual a las Bases Alcanzadas más las Bases por Bolas multiplicadas por 0,26 y la cantidad de veces que ha sido golpeado (GP). El tercer f**actor (C)** es igual a la suma de los Toques de Sacrificio (*SH*), de los Elevados de Sacrificio (*SF*) y las Bases Robadas multiplicada por 0,52; Estos coeficientes [0,26 y 0,52] introducidos en las ecuaciones han sido determinados en series estadísticas que reflejaban buenas aproximaciones a datos reales. El Factor **A** refleja la habilidad para embasarse y el **B** para avanzar a los corredores: [6]

$$RC = \frac{(A \times B) + C}{AP}$$

donde:
$A = (H + BB + GP) - (AR + BPDP)$
$B = BA + 0,26*BB + GP$
$C = 0,52*(SH + SF + BR)$

Tomando las cifras oficiales de la LVBP de la temporada 2009/10, elaboradas por *Line Score Estadísticas*, obtenemos los siguientes valores de Carreras Creadas por Equipo, observándose una diferencia mínima de tan sólo 0,2% en el caso de la Liga, lo que refleja la bondad de esta estadística:

Equipo	CA	RC	RC – CA	%
Aguilas	303	300	– 3	– 1,0%
Bravos	311	289	– 22	– 7,4%
Cardenales	369	364	– 5	– 1,3%
Caribes	262	288	26	9,2%
Leones	382	374	– 8	– 2,3%
Magallanes	383	369	– 14	– 3,7%
Tiburones	382	372	– 10	⊢2,7%
Tigres	312	340	28	8,3%
LIGA	**2704**	**2697**	**– 7**	**– 0,2%**

Para fines comparativos del aporte individual en la misma temporada 2009/10 se reproducen las distintas estadísticas de Bateo explicadas anteriormente.

Los Bateadores presentados en la **página siguiente** tuvieron un mínimo de 170 Apariciones al Plato [ver la *Regla* **9.22 (A)**] con la excepción de algunos que a pesar de no llegar a las Apariciones requeridas, sus valores absolutos de *RC* y *LW* (Carreras Bateadas) los incluyen en esta lista y están escritos en letra cursiva.

B) Para medir el desempeño del LANZADOR:

• El Sistema de **Ponderación Lineal de Carreras Lanzadas** (*Linear Weight System*) [**Carreras Lanzadas** o *Pitching Runs* (**PR**)] es la contraparte de Carreras Bateadas y tiene la misma fórmula, porque lo que sucede en la ofensiva es **un espejo** de lo que acontece en el lado de los lanzadores:

$$PR = (0,46*1B) + (0,82*2B) + (1,02*3B) + (1,4*HR) + 0,33(BB+GP) + 0,3BR$$
$$-0,6AR - 0,305 \textbf{\textit{Outs}}$$

Las **PR** pueden ser calculadas en forma aceptable aún en los casos en los cuales se desconocen las distintas extra-bases permitidas por el lanzador, al multiplicar la totalidad de estas extra-bases por 0,31.

HR%		Poder Aislado		Prom. Secundario		Promedio Total		AVE	
Ern. Mejia	6,6	R. Chirinos	0,275	Tom. Evans	0,426	Jos. Thole	1,137	Alc. Escobar	0,393
R. Chirinos	6,5	Ern. Mejia	0,264	Gre. Blanco	0,411	Tom. Evans	c1,130	Jos. Thole	0,381
Ma. Ramirez	6,2	Wil. Ramos	0,250	Jos. Castillo	0,409	R. Chirinos	1,067	R. Chirinos	0,366
Wil. Ramos	5,8	Ma. Ramirez	0,233	Ma. Ramirez	0,405	Jos. Castillo	1,067	Jos. Yepez	0,359
Mic. Ryan	4,5	Mic. Ryan	0,217	Jos. Kroeger	0,384	Alc. Escobar	1,045	Tom. Evans	0,349
Eli. Alfonzo	4,4	Ces. Suarez	0,207	Ric. Hidalg	0,383	Jos. Yepez	1,021	Ale. Romero	0,345
Tom. Evans	4,3	Tom. Evans	0,206	Ree. Corona	0,381	Ree. Corona	1,021	Jos. Castillo	0,344
Ric. Hidalgo	4,1	Jes. Guzman	0,200	R. Alvarez	0,376	Wil. Ramos	0,986	Al. Amarista	0,339
Jes. Guzman	4,0	Jos. Kroeger	0,189	Dus. Martin	0,373	Gre. Blanco	0,961	Ces. Suarez	0,337
Dus. Martin	4,0	Jos. Thole	0,187	H. Gimenez	0,357	H. Gimenez	0,953	Wil. Ramos	0,332
H. Gimenez	3,8	Dus. Martin	0,187	Wil. Ramos	0,351	Ric. Hidalgo	0,945	H. Gimenez	0,319
Jos. Castillo	3,8	Jos. Castillo	0,183	Jos. Thole	0,348	R. Alvarez	0,935	Mic. Ryan	0,318
R. Alvarez	3,6	Ric. Hidalgo	0,179	R. Chirinos	0,346	Mic. Ryan	0,923	Ren. Reyes	0,317
L. Valbuena	3,6	H. Gimenez	0,176	Jes. Guzman	0,345	Jos. Kroeger	0,916	Ree. Corona	0,317
Fra. Diaz	3,5	R. Alvarez	0,176	Ern. Mejia	0,344	Ces. Suarez	0,913	Fr. Diaz	0,313
Ken. Perez	3,3	L. Valbuena	0,175	Mic. Ryan	0,343	Ern. Mejia	0,897	L. Rodriguez	0,310
Rob. Perez	3,2	Ren. Reyes	0,172	W. Romero	0,326	Dus. Martin	0,893	R. Alvarez	0,309
Ren. Reyes	3,2	Al. Amarista	0,172	Ren. Reyes	0,321	Fra. Diaz	0,890	H. Iribarren	0,309
Ces. Suarez	3,1	Eli. Alfonzo	0,169	L. Valbuena	0,319	Ma. Ramirez	0,886	Rob. Perez	0,308
Jos. Yepez	2,8	Fra. Diaz	0,167	Fra. Diaz	0,313	Ren. Reyes	0,877	Ero. Andrus	0,307

OBA		SLG		OPS		Carreras Creadas		Carreras Bateadas	
Jos. Thole	0,473	R. Chirinos	0,641	R. Chirinos	1,061	Tom. Evans	54	Tom. Evans	21,16
Gre. Blanco	0,464	Wil. Ramos	0,582	Jos. Thole	1,041	Wil. Ramos	47	Jos. Thole	16,22
Tom Evans	0,456	Jos. Thole	0,568	Tom Evans	1,011	H. Gimenez	45	Jos. Castillo	15,72
Jos. Castillo	0,445	Ern. Mejia	0,557	Wil. Ramos	0,978	Ren. Reyes	43	Wil. Ramos	13,54
Alc. Escobar	0,440	Tom Evans	0,555	Jos. Castillo	0,972	Fra. Diaz	43	Alc. Escobar	13,34
Jos. Yepez	0,438	Ces. Suarez	0,544	Jos. Yepez	0,952	Jos. Thole	43	Rob. Chirinos	13,29
Ren. Corona	0,435	Mic. Ryan	0,535	Ces. Suarez	0,938	Jos. Castillo	43	Jay Gibbons	12,02
Ric. Hidalgo	0,429	Jos. Castillo	0,527	Mic. Ryan	0,925	Ric. Hidalgo	42	Ric. Hidalgo	11,58
Ale. Romero	0,423	Jos. Yepez	0,514	Ces. Suarez	0,911	Ern. Mejia	42	L. Jimenez	11,45
H. Gimenez	0,421	Al. Amarista	0,510	Ree. Corona	0,917	Ma. Ramirez	41	H. Gimenez	11,42
R. Chirinos	0,420	H. Gimenez	0,495	H. Gimenez	0,916	Mic. Ryan	40	Jos. Yepez	10,46
L. Rodriguez	0,417	Alc. Escobar	0,491	Ric. Hidalgo	0,914	Ces. Suarez	40	Mic. Ryan	9,69
Ren. Reyes	0,408	Jes. Guzman	0,490	Ern. Mejia	0,911	Rob. Chirinos	39	Ces. Suarez	9,21
R. Alvarez	0,408	Ren. Reyes	0,489	Ren. Reyes	0,897	Alc. Escobar	36	Raf. Alvarez	9,15
Wil. Ramos	0,397	Ma. Ramirez	0,486	R. Alvarez	0,893	Jes. Guzman	35	Gre. Blanco	9,08
Dus. Martin	0,395	R. Alvarez	0,485	Al. Amarista	0,892	Gre. Blanco	34	Reg. Corona	8,80
Fra. Diaz	0,391	Ree. Corona	0,482	Fra. Diaz	0,872	L. Jimenez	34	Fra. Diaz	8,77
Mic. Ryan	0,390	Fra. Diaz	0,480	Gre. Blanco	0,869	Jos. Yepez	34	Ren. Reyes	8,50
Jos. Kroeger	0,386	Dus. Martin	0,480	Jos. Kroeger	0,864	Ken Perez	34	Ern Mejia	7,93
Al. Amarista	0,382	Jos. Kroeger	0,478	Ma. Ramirez	0,864	Rob. Perez	33	Pab. Sandoval	6,97

El mejor lanzador es aquél que tenga el menor valor de **PR**. De la misma manera como un Bateador que tenga un valor de **BR** mayor que cero es un bateador mejor que el promedio, un lanzador con un valor de **PR** menor que cero es un lanzador mejor que el promedio.

• El Sistema *Simplificado de Carreras Lanzadas* (**PR1** y **PR2**). La estadística de la Efectividad (**EFE**) señala la *tasa* de eficiencia del lanzador y no es un indicativo de su aporte al desempeño total del equipo.

Si hay dos lanzadores con la misma *EFE,* pero uno de ellos lanzó el doble de entradas (*IP*), es obvio que este aportó a su equipo el doble que el otro. Por eso nos interesa medir la cantidad de carreras que un lanzador ha impedido que le anoten, por encima del promedio de la Liga.

$$PR1 \;=\; IP \;\times\; \frac{EFE_{\,de\,la\,Liga}}{9} \;-\; CL$$

Si no se conocen la Carreras Limpias permitidas, pero sí la *EFE* del lanzador, se puede utilizar la siguiente fórmula:

$$PR2 \;=\; IP \;\times\; \frac{EFE_{\,de\,la\,Liga} - EFE_{\,del\,Lanzador}}{9}$$

Las actuaciones de los lanzadores con un mínimo de 50 *IP* en la temporada 2009/2010 de la LVBP producen el siguiente cuadro:

JUGADOR	IP	CL	EFE	PR1	PR2
A. Bastardo	52,0	16	2,77	12,03	12,03
R. Rivero	52,2	17	2,90	11,39	11,39
H. Totten	85,1	35	3,69	11,00	11,00
S. Etherton	53,1	18	3,04	10,75	10,75
J. Schmidt	75,1	30	3,58	10,61	10,61
J. Sánchez	58,1	21	3,24	10,44	10,44
LIGA	**4.430,0**	**2.388**	**4,85**	**0,00**	**0,00**

Un **ejemplo** tomado del libro de G. Costa aclara el aporte de este esquema, cuando se analiza la actuación de los más destacados lanzadores de la Liga Americana del año 2001 y los votos otorgados para el premio *Cy Young* por los miembros de la Asociación de Cronistas facultados para tal fin.[7]

De los seis lanzadores, Clemens tiene el más bajo valor de *PR2*. ¿Será que su Promedio de Juegos Ganados y Perdidos habrá sido el factor más determinante para que le otorgaran el *Cy Young*? El venezolano Freddy García generó más de 14 **PR** [equivalentes a aprox. 1 1/2 victorias más para su equipo] que Clemens y lo supera en otros departamentos. Otro lanzador que presenta guarismos superiores a Clemens es su compañero de equipo, Mussina, quien lanzó 9 Entradas más que Clemens y permitió seis CL menos. No se indica aquí el hecho que Mussina lanzó cuatro Juegos Completos, incluyendo tres Blanqueos, mientras que Clemens no tuvo ninguno de ellos. Los Contrarios batearon para 0,237 contra Mussina y 0,246 contra Clemens y quien tuvo de su equipo un soporte mayor en carreras. Esta votación ya está en los libros de historia, pero merece aún ser discutida.

Lanzador	Equipo	Votos	G – P	IP	EFE	PR2	Equipo G – P
Roger Clemens	NYY	**122**	**20 - 3**	220	3,51	23,71	95 - 65
Mark Mulder	OAK	60	21- 8	229	3,45	26,31	102 - 60
Freddy Garcia	SEA	55	18 - 6	**239**	**3,05**	37,97	**116 - 46**
Jamie Moyer	SEA	12	20 - 6	210	3,43	24,50	116 - 46
Mike Mussina	NYY	2	17 -11	229	3,15	33,84	95 - 65
Tim Hudson	OAK	1	18 - 9	235	3,37	28,98	102 - 60

• La Estadística **BABIP (Batting Average on Balls In Play)** mide el promedio de bateo de pelotas en juego que resultan en un Incogible (excluyendo los cuadrangulares). Se consideran las pelotas en juego dentro del parque, más no aquellas que resultan de un Ponche, Base por Bolas, Cuadrangular, Golpeado o Error de fildeo. **BABIP** es, en el análisis sabermétrico, un indicativo de alguna distorsión en la mecánica de bateo o de pitcheo, visto que es muy difícil de presentar valores altos o bajos en forma consistente – y más aún para lanzadores que para bateadores. **BABIP** puede ser utilizado para señalar temporadas signadas por muchos factores casuales y/o anormales y que en otro momento es de esperarse que la data regrese a la media representativa, que ronda valores aproximados de .290 a .300. En los casos en que dicho promedio esté bastante alejado de estos valores se puede pensar que la suerte/azar está presente. Sin embargo, algunos bateadores pueden compensar estos promedios por su velocidad en las bases (como Ichiro y su **BABIP** de .357 vitalicio, que por su velocidad logra muchos Incogibles al cuadro). [8]

La fórmula es la siguiente:

$$BABIP = \frac{\text{Incogibles} - HR}{VB - K - HR + SF}$$

donde: *HR*: cuadrangular; *K*: Ponche; *SF*: Elevado de Sacrificio.

Algunas fórmulas incluyen las bases alcanzadas por Error de la defensiva (*ROE = Reached On Error*) en el numerador, mientras que otros excluyen los *Flies* de Sacrificios (*SF*) del denominador. Para obtener valores comparativos se debe utilizar la misma fórmula de análisis para diversas temporadas.

La representatividad del valor de **BABIP** se incrementa en la medida en que la muestra de la data aumenta. Para los bateadores, los valores de **BABIP** son más indicativos de su capacidad de lograr Indiscutibles; su consistencia año tras año es más equilibrada que para los lanzadores. **El conocido sabermétrico, Voros McCracken, ha demostrado que los lanzadores tienen un control relativamente alto sobre los Ponches, Cuadrangulares y las Bases por Bolas, pero relativamente poco control sobre los batazos que estén en terreno bueno.** Una vez que una pelota es bateada lo único que determina si esta cae de Incogible o es *Out* es la defensiva o la suerte aleatoria.

Un lanzador con un **BABIP** significativamente mayor que .300 con el tiempo sería cesanteado, a menos que lo vea reducido. Así también, para otro con un valor muy bajo, su promedio debe aumentar. Generalmente no habrá mucha varianza. Greg Maddux tiene un **BABIP** vitalicio en contra de .286, mientras que José Lima presenta .301. Especialistas en lanzamientos de ´Nudillos´ tienden a tener valores relativamente bajos: el de Tim Wakefield es .275 y el de Phil Niekro era .273. En cambio, el de Nolan Ryan es un guarismo sumamente bajo de .269, valor extremo por ser él un lanzador muy dominante y descontrolado que no ponía muy a menudo la pelota en juego. Ryan es el lider de todos los tiempos tanto en Ponches como en Base por Bolas, octavo en Golpeados y 35to en Cuadrangulares permitidos.

Más adelante, en el aparte sobre el Sistema **Ultimate Zone Rating (UZR)** se menciona la estadística **DER (Defense Efficiency Ratio)**, la cual, en el fondo, es el complemento de **BABIP**. En otras palabras, se puede expresar, que:

$$BABIP \ = \ 1 - DER$$

• La Estadística **FIP** (***Fielding Independent Pitching***) o **DIPS** (***Defense Independent Pitching Statistics***) fue desarrollado por Tom Tango utilizando investigaciones de Voros McCracken e indica que los lanzadores tienen básicamente sólo control sobre Cuadrangulares, Base por Bolas y Ponches y que cualquier otro evento –desde Incogibles hasta Errores y Carreras Anotadas por cualquier razón distinta a un Cuadrangular– es esencialmente un producto del azar.

La siguiente fórmula es un aceptable pronosticador de la futura **EFE** de un lanzador:

$$FIP \ = \ \frac{(13^* \ HR) + 3^*(BB + GP) - (2^*K)}{IP} + constante$$

donde: *HR*: cuadrangular; BB: Base por Bolas; GP: Golpeado; K: Ponche; IP: Entradas Lanzadas; La constante está en el orden de 3.20 que se obtiene de restar la **EFE** de la Liga al **FIP** de la Liga.

El **Pitcheo Independiente del Fildeo** mide cuantas Carreras Limpias permitiría un lanzador por cada 9 Entradas, si el resultado de las pelotas en juego fuera igual al promedio de la Liga.

Con la idea de normalizar el valor de **FIP** considerando que algunos lanzadores pueden tener muy mala suerte con elevados a los jardines que no se quedan en el parque sino que salen de Cuadrangulares y conociendo que la relación de *HR/FB* es de aprox. 10.6% para lanzadores abridores, se ha establecido la siguiente variación de la formula:

$$xFIP \ = \ \frac{13^* \ (.106^*\#FB) + 3^*(BB + GP) - (2^*K)}{IP} + constante$$

donde: .106*#*FB* es igual al 10.6% de la cantidad de Elevados a los Jardínes.

C) Para medir el desempeño del FILDEADOR:

• El Sistema **Factor Rango** (**FR**) [*Range Factor*] representa un adelanto en la medición del desempeño de un fildeador por cuanto relaciona las jugadas (*Outs* y Asistencias) con la cantidad de Entradas a la defensiva (en tercios). Un inconveniente de esta medición reside en que no todos los fildeadores reciben la misma cantidad de batazos hacia sus predios, especialmente por las caracteristicas de sus lanzadores. Esta estadística la presenta la MLB desde la temporada 1999 para todos los peloteros.

Ejemplo: En la temporada de 2003 jugando para los Indios de Cleveland, Omar Vizquel participó en 1219 Entradas y 2/3 al campocorto en los cuales realizó 198 *Outs* y 444 Asistencias para un *FR* = 4,74 calculados de la siguiente forma:

$$FR = \frac{(O + A) \times 9}{\text{ENTRADAS}} = \frac{(198 + 444) \times 9}{1.219 \, 2/3} = \frac{(198 + 444) \times 27}{3.659} = 4,74$$

La MLB utiliza un fórmula más sencilla que incorpora las jugadas realizadas por el fildeador en los juegos en los que ha participado, sin considerar la cantidad de entradas de cada juego.

Según los análisis publicados en el libro *The Bill James Handbook 2010* los *FR* para las distintas posiciones a la defensiva, basados en las actuaciones promedio de los jugadores de la MLB durante la temporada de 2009 son los siguientes: Segunda Base (4,81); Tercera Base (2,62); Campocorto (4,37); Jardinero Izquierdo (2,02); Jardinero Central (2,66); Jardinero Derecho (2,10). [9]

• El Sistema de ***Ponderación Lineal de Carreras Fildeadas*** (*CF*) reconoce que para cada posición de Fildeo se deben considerar las particularidades inherentes a la ubicación en el campo como al contexto del juego. En este sentido se establece una misma fórmula para los fildeadores de la segunda, tercera base y del campocorto; para el inicialista se eliminan los *Outs* y los Doble *Plays* por requerir de otras habilidades; para los receptores se hace caso omiso de los ponches, porque estos se deben primeramente al lanzador; para los jardineros se considera que las asistencias se deben valorar mucho más que para los jugadores del cuadro, por cuanto ya el conocimiento de la existencia de un buen brazo desde los jardines puede prevenir el avance de un corredor.

Fórmula: Para calcular las Carreras Fildeadas de un jugador del cuadro se determina primero el valor **PLP** (Promedio de la Liga en esa Posición), que viene formado, en el numerador, por los valores de los distintos Lances y de los Doble *Plays* de la Liga en esa Posición. Luego en el denominador se coloca la diferencia entre el total de los *Outs* logrados por todos los jugadores de la Liga y los Ponches (*SO*) otorgados por todos los lanzadores de la Liga. [10]

$$PLP = \frac{0,20 \times [Outs + (2 \times A) - E + DP]_{Liga/Posición}}{Outs_{Total\ Liga} - SO_{Total\ Liga}}$$

Conociendo el valor de **PLP**, calculamos las Carreras Fildeadas (**CF**) para una determinada posición defensiva de un equipo, de la siguiente forma:

$$CF_{Equipo/Posición} = 0,20 \times [Outs + (2 \times A) - E + DP]_{Equipo/Posición}$$
$$- PLP \times [Outs_{Total\ Equipo} - SO_{Total\ Equipo}]$$

Tomando los numeritos de la LVBP de la temporada 2007/2008 y analizado el comportamiento de los Campocortos del equipo Magallanes obtenemos el siguiente cuadro:

Además, conociendo la Totalidad de los *Outs* realizados en la Liga (13.135) en esa temporada, los Ponches otorgados por todos los Lanzadores de la Liga (2.919), la Totalidad de los *Outs* por el Equipo Magallanes (1.620) y los Ponches por los Lanzadores de ese Equipo (356), los podemos insertar estos valores en dicha fórmula.

Jugador	Entradas	Outs	%	Asistencias	Errores	D. Play	PCT
R. Gotay	52,0	15	12,10	19	0	7	1,000
R. Paz	39,0	8	6,45	11	0	3	1,000
L. Ordaz	202,0	54	43,55	65	3	18	0,975
T. Perez	149,0	29	23,39	63	4	17	0,958
J. Merchan	89,0	16	12,90	28	5	6	0,898
W. Sutil	9,0	2	1,61	3	1	1	0,833
Equipo (*campocortos*)	124	100%	189	13	52		
LIGA (*campocortos*)	831		1.568	131	394		

$$PLP = \frac{0,20 \times [831 + (2 \times 1.568) - 131 + 394]}{13.135 - 2.919} = \frac{846}{10.216} = \mathbf{0,0828}$$

El resultado de la anterior fórmula es un valor equivalente a la relación existente entre los Lances Totales y los *Outs* realizados por fildeo por los campocortos de la Liga. Ese coeficiente es aplicado a los *Outs* efectivamente realizados por todos los fildeadores del equipo, lo que a su vez es deducido de los Lances que han tenido como resultado un *Out*. Las Asistencias se valoran el doble por cuanto requieren de más habilidad que la realización del *Out*. Los Campocortos del Magallanes, en su totalidad, generaron el siguiente valor de **CF**. El valor de **CF** = 3,53 puede ser prorrateado basado en la relación de los *Outs* que cada Campocorto realizó durante la temporada. Así obtenemos que: Gotay aportó 0,43 [12,10% de 3,53]; Paz 0,23; Ordaz 1,54; Pérez 0,82; Merchán 0,43; Sutil 0,06 para el total de 3,53 **CF**.

$$CF_{Magallanes\,/SS} = 0,20 \times [124 + (2 \times 189) - 13 + 52] - \mathbf{0,0828} \times (1620 - 356) = 3,53$$

• El Sistema **Ultimate Zone Rating (UZR)** [Valoración Definitiva de la Zona] es un ensayo de avanzar más allá del *Factor Rango* y trata de medir la capacidad de un fildeador de transformar un batazo en un *Out* y la expresa en la cantidad de Carreras Evitadas. Esencialmente se basa en precisar las características de cada batazo [dirección, fuerza, distancia y tipo de conexión] y su ubicación dentro de una retícula en la cual todo el terreno de juego ha sido dividido. Es así que cada fildeador tiene asignado un espacio de su incumbencia y se registran los batazos que están Dentro de esa Zona, la cantidad de ellos con los cuales se realizó una jugada y las jugadas con batazos que estaban Fuera de la Zona y con los que también se realizó una jugada. Existen variantes de este modelo de medición de la defensiva que incorporan la probabilidad de que en promedio se realice un Out con los batazos dirigidos a la zona de responsabilidad de un defensor y que, conociendo la cantidad de *Outs* que efectivamente convierte ese defensor, se transforme todo en un número que señale las carreras evitadas por ese fildeador más allá del promedio.

FanGraphs [11] agrega otros componentes basados en la potencia del brazo que evita el avance de corredores, considerando también la destreza en las doble-matanzas por encima del promedio, el alcance y si comete menos errores que un fildeador promedio de la Liga.

Para recopilar esta data se requiere de una amplia estructura, de una muestra bastante amplia, de personal especializado y de un sofisticado *software* que no está al alcance sino de escasas organizaciones. El fanático puede acceder a los resultados de la MLB en *Websites* especializados, pero no tiene la posibilidad de conocer la data necesaria para calcularlos. La forma de calcular trasciende el objetivo de este escrito. Visto que es fácil utilizarlo conociendo los enlaces en Internet, se está haciendo muy popular su uso y ofrece una mejor medición para otorgar, por ejemplo, Guantes de Oro. Otro sistema muy utilizado es el *Plus/Minus* desarrollado por John Dewan y publicados por *The Fielding Bible* y en *Bill James Online*. [12]

Ambos catalogan lo que acontece en el terreno de juego según las observaciones de videos y asignándole valores a las distintas pelotas bateadas y la actuación del fildeador. Una interesante estadística presentada

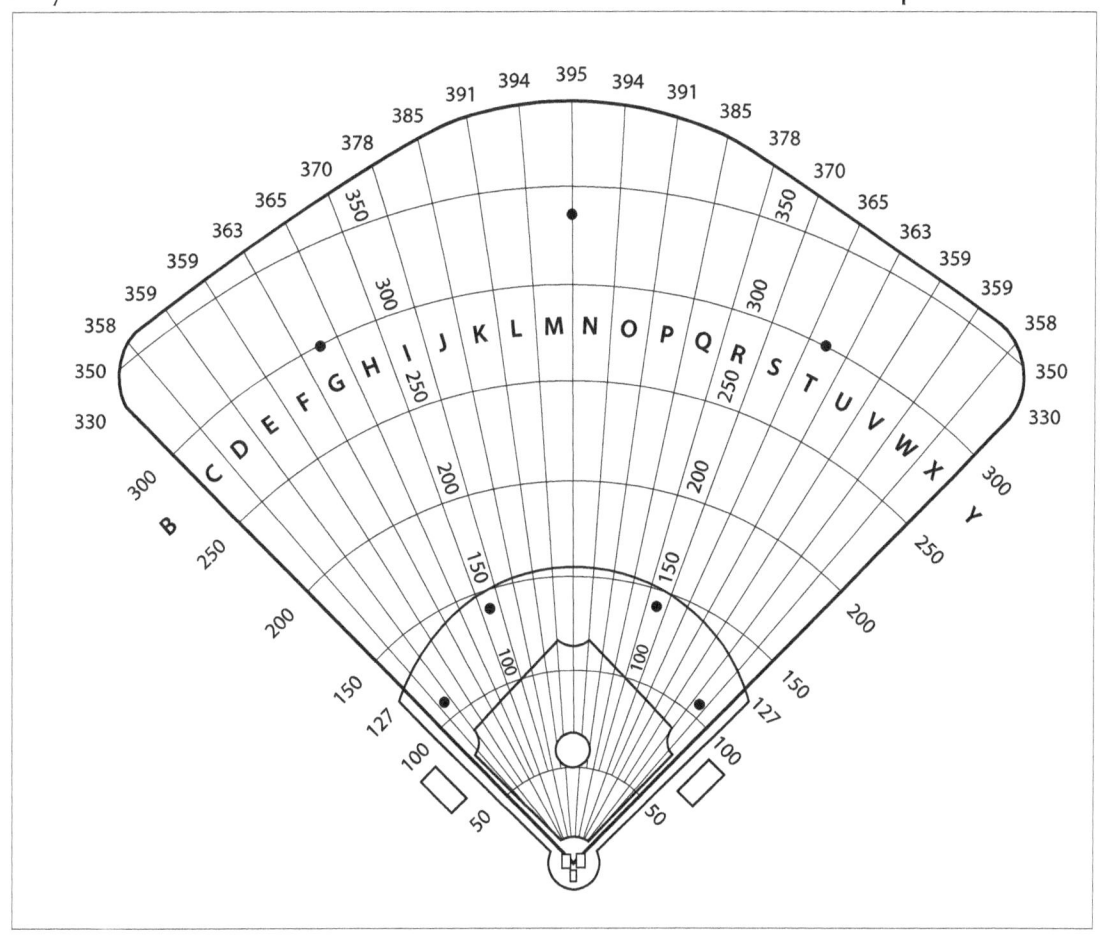

por Bill James y denominada **DER (Defensive Efficiency Ratio)** de la cual reproducimos la data para la temporada de 2006 de la MLB, según *The Hardball Times,* señala cuan común se produce determinado batazo. De los aprox.133.200 batazos un 69% fue convertido en *Out.* [13]

Batazos	Cantidad	% sobre 133.20	% de Outs
Rodados	60.100	45%	74 %
Elevado a los Jardines	33.100	25%	89 %
Líneas	19.000	14%	25 %
Líneas suaves	13.000	10%	46 %
Elevados al *Infield*	5.000	4%	99 %
Toques	3.000	2%	79 %

El cuerpo de lanzadores de cada equipo generará una estructura de batazos distinta, al tener un equipo más lanzadores zurdos que otros y/o lanzadores que ofrecen más lanzamientos bajos que producen mayor número de rodados.

D) Para medir el desempeño del CORREDOR de Base:

• El Sistema de **Ponderación Lineal de Carreras por Robo de Base (CRB)** (*Base Stealing Runs*) es muy sencillo al determinar su valor multiplicando la cantidad de Bases Robadas por 0,3 y restando la cantidad de veces que ha sido Atrapado Robando multiplicada por 0,6. Así expresamos la ecuación como:

$$CRB = 0,3 \times BR - 0,6 \times AR$$

Tomando como **ejemplo** la actuación de Rickey Henderson en el año 1982, en el cual estableció un record con 130 Bases Robadas y en el cual fue Atrapado Robando 42 veces, obtenemos un valor de **CRB** de 13,8.

Entendemos que ser Atrapado Robando conlleva una penalidad y por esta razón la Sabermetría, basada en análisis estadísticos, declara

$$CRB = 0,3 \times 130 - 0,6 \times 42 = 39 - 25,2 = 13,8$$

que Robar Bases es un método dudoso para incrementar la producción de carreras de un equipo.

Como con las Carreras Bateadas (**BR**) y las Carreras Lanzadas (**PR**) así también con las Carreras por Robo de Base (**CRB**), cada diez carreras adicionales conllevan a una victoria adicional. Si R. Henderson no hubiera sido atrapado robando, sus 130 Bases Robadas [0,3 x 130 = 39] hubieran contado como 4 victorias para su equipo, pero las 42 veces que fue atrapado robando le quitan 2 victorias. Como contraste, Vince Coleman robó 110 bases en el año 1985 y fue atrapado robando 25 veces, lo que refleja un aporte de 18,0 **CRB**. ¿Cuál de los dos corredores aportó más producción a su equipo? Este sistema relativiza el valor absoluto de la cantidad de Bases Robadas y pone el aclamado record bajo observación.

E) OTRAS ESTADÍSTICAS DE INTERÉS:

• El **Factor Parque (FP)** [**Park Factor**] considera el hecho que practicamente ningún estadio es idéntico a otro en sus dimensiones generales [con la excepción del cuadro interno denominado *diamante*], observándose distancias radicalmente distintas entre el *Home* y las gradas y las líneas de cal y las tribunas laterales (las zonas de *Foul*), así como la altura de las paredes de los jardines; todo lo cual impactan en el hecho de tener que catalogar un parque como propenso a ser un estadio favorable a la ofensiva o a la defensiva y al pitcheo.

La cantidad de espacio de la zona de *Foul*, especialmente entre el *Home* y el *Backstop*, le abre mayor o menor oportunidad al receptor y a los defensores de las esquinas de realizar jugadas que eliminen a un bateador que batea un elevado de *Foul* por esos predios. En ese sentido, es de criticar la tendencia de incluir zonas VIP en el terreno de juego que recortan la distancia entre el *Homeplate* y el *Backstop*. (La comercialización exagerada agrede la calidad del juego.) Como indicativo del tamaño de la zona de *Foul* de un parque en comparación con otros se puede utilizar la cantidad de *Foul* que caen sobre el terreno (sean o no atrapados) en relación a los que salen a las gradas o fuera del parque.

Otros factores que inciden en los valores de algunas estadísticas son las diferentes alturas del estadio sobre el nivel del mar, las distintas ubicaciones en los paralelos terráqueos (latitudes) que inciden en los climas (Florida vs. Boston), la dirección general de los vientos, si son techados los parques, etc.

Como es de interés poder comparar los diversos valores de las estadísticas se ha hecho necesario establecer un marco referencial que permita neutralizar parcialmente los efectos de los diversos factores enunciados anteriormente. Este elemento corrector se denomina: **Factor Parque**.

La fórmula general empleada para definir el Factor Parque (**FP**) se base en comparar las actuaciones de un equipo cuando juega en casa relativas a la cantidad de juegos o turnos al bate realizados en casa con los mismos tipos de actuaciones, pero las realizadas como visitantes. La Fórmula para las Carreras es la siguiente [la estructura de la fórmula es la misma para las otras categorías]:

$$FP = \cfrac{\dfrac{\text{Carreras Anotadas en Casa} + \text{Carreras Permitidas en Casa}}{\text{Cantidad de Juegos en Casa}}}{\dfrac{\text{Carreras Anotadas como Visitante} + \text{Carreras Permitidas como Visitante}}{\text{Cantidad de Juegos como Visitante}}}$$

Y en forma resumida, la presentamos de la siguiente forma (el resultado se multiplica por 100):

$$FP = \cfrac{\dfrac{\text{CA (Casa)} + \text{CP (Casa)}}{\text{Juegos (Casa)}}}{\dfrac{\text{CA (Visitante)} + \text{CP (Visitante)}}{\text{Juegos (Visitante)}}}$$

Los **Factores Parque** (o Índices del Parque) también pueden ser calculados para Cuadrangulares, Dobles, Triples, BB, etc. con relación a los Turnos al Bate. Índices para Turnos al Bate, Errores, etc. se calculan relativos a Juegos. Los tres Índices de los promedios de bateo se calculan sobre los Turnos al Bate, por ser ellos ya promedios relativos a los Turnos al Bate. Es más representativo utilizar factores promedio de varios años (generalmente 3) para reducir los efectos que puedan tener en un equipo las fortalezas o debilidades de una temporada en particular.

Un Índice de exactamente 100 es neutro y nos dice que ese Parque no tiene ningún efecto o influencia particular sobre esa Estadística. Un Índice mayor de 100 indica que el Parque favorece esa Estadística. Por **ejemplo**, un Parque que tiene un Índice de Cuadrangulares de 120, nos informa que fue más fácil batear HR en ese Parque en un 20% mas que en los restantes Parques de esa Liga en esas temporadas.

Tomando la data de 3 temporadas 2007/08 a la 2009/10 de la LVBP se obtienen los siguienes **Factores Parque** basados en los cuadrangulares con relación a los juegos jugados (aproximación basada en *tan sólo 3 temporadas* de cerca de 186 juegos – equivalente a un poco más de una temporada de la MLB): [14]

"Chico" Carrasquel (Pto. La Cruz) 132
José Bernardo Pérez (Valencia)   131
Universitario (Caracas / Tiburones) 122
Guatamare (Isla de Margarita)   97
José Pérez Colmenares (Maracay)   90
Aparicio el Grande (Maracaibo)   93
José Antonio Herrera (Barquisimeto) 64

• El **Guarismo Poder-Velocidad** (*GPV*) es una estadística algo extravagante diseñada por Bill James que representa una interesante combinación de dos habilidades: robar bases y batear cuadrangulares. La fórmula es muy simple:

$$GPV = \frac{2 \times (HR \times BR)}{HR + BR}$$

Nombre	Año	HR	BR	GPV
Alex Rodríguez	1998	42	46	43,91
Alfonso Soriano	2006	46	41	43,36
Barry Bonds	1996	42	40	40,98
José Canseco	1988	42	40	40,98
Bobby Bonds	1973	39	43	40,90
Carlos Beltran	2004	38	42	39,90
Bob Abreu	2002	30	40	34,29

• El **Carreras Evitadas por Defensiva (*Defensive Runs Saved*)** es una medición introducida recientemente por John Dewan, que indica el número de Carreras que un fildeador logra evitar o que, por un Error, permite que el adversario anote, comparando su actuación con el jugador promedio de la Liga en esa posición. Un jugador con un número cercano a Cero Carreras Evitadas es un jugador promedio; un valor positivo señala una defensiva por encima del promedio, mientras que lo contrario indica una defensiva inferior al promedio. En su libro *The Fielding Bible–Volume II*, Dewan presenta los ocho componentes de **Carreras Evitadas** y los líderes de la temporada 2009 de la MLB, de los cuales presentamos sólo los siguientes: [15]

Carreras Evitadas en Robo de Base (Receptores): K. Johjima (9)

Carreras Evitadas en Robo de Base (Lanzadores): Buehrle/Verlander (4)

Carreras Evitadas en Toques (Defensores de las Esquinas): N. Johnson (3)

Carreras Evitadas por Brazo del Jardinero: Adam Jones (12)

Carreras Evitadas por Robo de Cuadrangular (Jardineros): Adam Jones (6)

• La Estadística **Win Shares (Participación en las Victorias) (WS)** reproduce un método para representar en un único guarismo la contribución hecha por cualquier jugador –bien sea un lanzador o un bateador– a las victorias de su equipo e incluye los roles jugados a la ofensiva como a la defensiva por cada jugador. Con un único y simple número, la Estadística **Win Shares** permite analizar los aportes totales de cada jugador y compararlos entre jugadores de distintas posiciones y también entre distintas épocas en el tiempo. El "método abreviado" para calcular los **Win Shares** consiste de 13 pasos. El método completo llena muchas páginas de cálculos y sobrepasa las posibilidades del aficionado.

Bill James, su creador, describe la Estadística como "Victorias Creadas" excepto que cada Victoria contiene tres Partes (o Participaciones o **Shares**). Así, si un equipo gana 100 juegos en una temporada a los jugadores de ese equipo les serán acreditados 300 **Tercios de Victoria** (300 **Win Shares**), desglosando el aporte del bateo y corrido de las bases, fildeo y pitcheo a un 48, 17 y 35%.

En varias publicaciones se reproducen los aportes en **Win Shares** de cada uno de los peloteros que ha actuado en las Grandes Ligas desde 1876. Listando a los jugadores, para 2008, que hayan aportado la mayor cantidad de **WS** obtenemos la siguiente tabla (es de resaltar que la Longevidad juega papel muy importante):

Babe Ruth	756	Ty Cobb	722	Barry Bonds	705
Honus Wagner	655	Hank Aaron	643	Willie Mays	642
Cy Young	634	Tris Speaker	630	Stan Musial	604
Bob Abreu	312	Luis Aparicio	293	Omar Vizquel	273
D. Concepción	269	A. Galarraga	237	César Tovar	178

Para los jugadores más destacados Bill James ha publicado los parciales que conforman los valores de **Win Share** de la siguiente manera (reproducimos sólo algunos pocos): [16]

Nombre	con el Bate	al Campo	Lanzando	Total WS
Babe Ruth	608,76	44,72	102,04	755,52
Ty Cobb	639,44	82,77	0,41	722,62
Honus Wagner	513,83	141,84	0,62	656,29
Cy Young	8,86	0,03	625,07	633,96
Walter Johnson	30,29	0,17	529,89	560,35
Ted Williams	512,43	44,05	0,12	556,60
Robin Yount	317,34	103,13	0,00	420,47

• La Estadística **VORP** (*Value Over Replacement Level*) (Valor por encima del Nivel de Reemplazo) compara el desempeño de un Jugador no con el Jugador Promedio en su Posición, sino con el jugador de su posición que está en el banco, porque reconoce que si un jugador se lesiona o se retira por alguna razón, su reemplazo no será un jugador promedio, sino alguien escasamente por encima del nivel de las menores. Este guarismo es útil para analizar valores de varios jugadores, en especial para los Gerentes de los equipos que estén considerando realizar negociaciones. **VORP** le permite comparar el valor relativo de un lanzador con el valor de un camarero de otro equipo; como también le informa lo difícil que puede ser conseguir un reemplazo para determinado jugador.

• La Estadística **WAR** (*Wins Above Replacement*) (Victorias por encima del Nivel de Reemplazo) señala la cantidad de victorias que un jugador ha contribuido al total de las victorias obtenidas por su equipo por encima y más allá de las que un jugador de reemplazo [del ́montón ́] haya generado.

WAR es posiblemente la estadística integral más popular hoy en día, al tratar de reunir en un solo guarismo el valor de un jugador como bateador, como fildeador (o lanzador), en su posición defensiva, o corriendo las bases y en el contexto de la temporada y de la liga. **Win Share** tiene el mismo propósito, pero ha perdido popularidad ante **WAR.** Su cálculo se lo dejamos a los especialistas al agregar variados métodos y luces de otras tantas Estadísticas avanzadas. Este ensayo de amalgamar en un **Gran Guarismo-Unificador** el valor de un jugador y hacerlo comparable con otro se puede consultar entre otros en *FanGraphs*. Un análisis novedoso busca la relación entre **WAR** y el nivel de salarios para conocer el costo o valor de una Victoria en esa temporada. [17]

De este guarismo se conocen varias expresiones según las variables que le puso el autor de cada ecuación. También se observan detractores que lo consideran una Caja Negra, de la cual se deconocen todos los ingredientes y sus ponderaciones. Sin embargo, es útil para iniciar un contrapunteo, colocar un tesis, pero, nunca debe servir como una síntesis o para concluir un debate.

• John Thorn, Pete Palmer *et alea* han publicado varias ediciones de la Enciclopedia *Total Baseball*. En ellas una de sus principales estadísticas que resume la actuación de todo pelotero es la denominada **Total Player Rating** (**TPR**), que refleja la suma de los **Batting Runs** (Ponderación Lineal de Carreras Alcanzadas), los **Fielding Runs** (Ponderación Lineal de Carreras Fildeadas) y los **Base Stealing Runs** (Ponderación Lineal de Carreras por Robo de Bases), menos el ajuste por la Posición, y todo dividido por el factor denominado **Runs Per Win**, que está en la cercanía de 10, dependiendo de la cantidad de carreras que un equipo anota y le anotan. Reproducimos algunas valoraciones para indicar las magnitudes: [18]

Nota: Para un jugador promedio el valor de **TPR** es de 0,0; siendo esta una de las mayores críticas que se le achacan a esta estadística.

Nombre	TPR	Nombre	TPR
Babe Ruth	107,7	Ty Cobb	91,0
Hank Aaron	89,8	Tris Speaker	86,5
Honus Wagner	81,1	Stan Musial	70,5
Luis Aparicio	12,4	D. Concepción	9,2
J. Marcano Trillo	3,5	A. Carrasquel	0,0

• **STATCAST.** Esta nueva herramienta de alta tecnología desarrollada por la MLB permite dibujar, medir y registrar los movimientos y tiempos de cada pelota que sale de la mano de un jugador hasta que termina en una Pelota Muerta y los mismos datos de cada pelotero que intervienen en esa corta travesía de la pelota. En cada juego se obtienen aprox. 4 Terabytes (equivalentes a 4.000 Gigabytes) de data registrada mediante equipos de radares-Doppler y cámaras de alta velocidad, que luego es analizada por centenares de expertos en las más avanzadas tecnologías de información y comunicación. Se abre de esta manera una nueva vía para entender, valorar y disfrutar la esencia del béisbol.

Ver: www.baseballsavant.mlb.com

INTERNET

www.baseballsavant.mlb.com
www.fangraphs.com
www.scoresheet.com
www.mlb.com
www.planeta-beisbol.com
www.espn.go.com
www.ballinfosolutions.com
www.baseballprospectus.com
www.seanlahman.com

www.retrosheet.org
www.baseball-reference.com
www.tangotiger.com
www.saberlibrary.com
www.hardballtimes.com
www.howesportsdata.com
www.socrated.com/course/48
www.baseball-almanac.com

NOTAS

1 Acrónimo derivado de SABR, *Society for American Baseball Research*. Asociación fundada en 1971 para propiciar la investigación y el conocimiento de la historia, registrar la variedad de eventos y generar interés en el juego de béisbol. En la actualidad participan más de 7.000 miembros de todo el mundo que tienen diversos intereses que se reflejan en distintos comités de investigación: Historia, Desempeño de Jugadores, Biografías, Reglas, Arbitraje, Desarrollo de los Parques, Estadísticas, Publicaciones, Ligas Negras, Ciencias, y la Sabermetría, entre otros.

2 Daniel Gutiérrez *et alea*; Datos basados en La Enciclopedia de Béisbol en Venezuela y tomados del Archivo en Excel preparado en su oportunidad por el Autor de estas **Las Reglas** para el Museo y Salón de la Fama del Béisbol Venezolano.

3 G. Costa *et alea*, en *Practicing Sabermetrics*, pág. 33

4 Line Score Estadísticas C.A.; Daniel Gutiérrez *et alea*, *ibidem*; y MLB.

5 John Thorn & Pete Palmer, *The Hidden Game of Baseball*, pág. 153

6 Tom Evans fue lider en la temporada 2009/2010 de la LVBP, según se desprende de la tabla presentada más adelante.

7 G. Costa *et alea*, en *Practicing Sabermetrics*, pág. 76ss

8 Alex Remington, en: www.socrated.com/user_courses/48 // offense statistics

9 Bill James, en *The Bill James Handbook 2010*, pág, 504

10 G. Costa *et alea*, en *Understanding Sabermetrics*, pág. 61ss; John Thorn & Pete Palmer, en: *The Hidden Game of Baseball*, pág. 74

11 Alex Remington, en: www.fangraphs.com

12 Bill James, en *The Bill James Handbook 2010*, pág, 499

13 Dave Studeman, *Fielding Stats at the Hardball Times*: www.hardballtimes.com

14 Line Score Estadísticas, C.A.: www.linescore@ifxnw,com.ve

15 John Dewan, en: *The Fielding Bible*, Acta Sports; www.baseballinfosolutions.com.

16 Bill James, en *Win Shares*, pág. 643ss

17 Alex Remington, en: www.baseball-reference.com

18 *Total Baseball*, Sexta Edición, Pág. 2537

Nota: En esta versión, se han incorporado aportes importantes de **Tadeo Varela**, economista venezolano y profesional de la Sabermetría por su posgrado en *Sabermetrics* de la *Boston University* y por su desempeño como Analista Estadístico en la Liga mexicana del Pacífico, durante muchos años, y escritor en *Sabermetrico.com*.

NORMAS
DEL
SALÓN DE LA FAMA
DEL BÉISBOL
VENEZOLANO

NORMAS
DEL SALÓN DE LA FAMA
DEL BÉISBOL VENEZOLANO

Valencia, 2002

Normas
del Salón de la Fama
del Béisbol Venezolano

Normas del Salón de la Fama
del Béisbol Venezolano

Del Objetivo

1 El Salón de la Fama del Béisbol Venezolano tiene como objetivo honrar a quienes hayan realizado un aporte significativo y perdurable al béisbol venezolano y dejado una huella imperecedera dentro del terreno de juego o fuera de él.

De los Órganos

2 Los Órganos son: el Consejo Directivo, el Comité Contemporáneo y el Comité Histórico.

Del Consejo Directivo

3 El Consejo Directivo es la máxima autoridad operativa del Salón de la Fama del Béisbol Venezolano.

    31 El Consejo está integrado por trece miembros de los cuales uno actuará como Director Ejecutivo y los otros como Directores; todos con voz y voto de igual calidad.

    32 Son atribuciones del Consejo Directivo:

        321 Velar por la integridad, pulcritud, credibilidad y nivel de excelencia del proceso eleccionario que designe a los

miembros del Salón de la Fama del Béisbol Venezolano.

322 Aprobar con el voto de por lo menos ocho (8) de sus miembros existentes las normas establecidas para la preselección, elección y exaltación de los candidatos a ser inmortalizados. Para revocar, reformar y enmendar dichas normas, se requiere la misma votación. Se define como inmortales aquellas personas que de acuerdo a estas normas sean exaltadas al Salón de la Fama del Béisbol Venezolano.

323 Mantener actualizadas las variables estadísticas, establecer y definir, en caso necesario, variables adicionales que sirven de base para la preselección de los candidatos a ser exaltados de acuerdo a lo establecido en la Norma 7.

324 Definir los nombres de los jugadores nominados que cumplen con lo pautado en las Normas 7 y 10 y someterlos al Comité Contemporáneo.

325 El Consejo Directivo podrá proponer nuevas personas para que lo integren en sustitución de otras con el voto favorable de al menos ocho (8) de los miembros existentes. Para la admisión de los propuestos se requiere de la aprobación de la Junta Directiva del Salón de la Fama - Museo de Béisbol.

326 Aprobar con el voto de al menos ocho (8) de sus miembros existentes la nómina de los comités de electores y/o revocar su designación.

327 Todas las demás decisiones se tomarán con por lo menos las dos terceras partes de los votos emitidos, debiendo participar en cada votación por lo menos siete miembros.

328 Establecer sus normas internas de funcionamiento.

33   Son atribuciones del Director Ejecutivo convocar y presidir las reuniones del Consejo Directivo, organizar el acto de votación y representar al Consejo Directivo.

34   Son Miembros Fundadores del presente Consejo Directivo: Humberto Acosta, Eleazar Díaz Rangel, Bruno Egloff, Herman Ettedgui, Carlos Figueroa, Asdrúbal Fuenmayor P., Ramón Gallardo, Javier González, Daniel Gutiérrez, Enrique Hurtado, Rubén Mijares, José Antero Nuñez y el presidente de turno de la Liga Venezolana de Béisbol Profesional, siendo actualmente Ramón Guillermo Aveledo. Como primer Director Ejecutivo fungirá Bruno Egloff.

DE LOS COMITÉS DE ELECTORES

4   Se crean dos comités con funciones excluyentes y complementarias: el Comité Contemporáneo y el Comité Histórico.

41   El Comité Contemporáneo tiene la función de elegir al Salón de la Fama a aquellos jugadores que hayan sido preseleccionados por el Consejo Directivo por cumplir con los requisitos indicados en los numerales 6, 7 y 8 de las presentes normas.

42   Al Comité Histórico corresponde considerar a cualquier otro candidato que a su juicio tenga méritos para pertenecer al grupo de los Inmortales.

DEL COMITÉ CONTEMPORÁNEO

5   **De los Miembros Electores.** Para poder acreditarse como Elector de

por vida en el proceso eleccionario, toda persona o entidad que desee postularse deberá cumplir con las condiciones aquí determinadas. En caso de no reunirlas en el momento de su solicitud, el candidato a Elector podrá optar en oportunidades posteriores.

51   Si es o fue cronista de béisbol, debe comprobar haber escrito en forma habitual sobre temas de béisbol durante al menos diez años en un medio escrito, o haber sido jefe de una sección dedicada al béisbol de un periódico de circulación nacional, o editor de una publicación especializada, en ambos casos por al menos por un período de 10 años.

52   Si es o fue comentarista o narrador de béisbol, debe comprobar haberlo hecho para un circuito radial o televisivo por lo menos durante diez temporadas locales; haber tenido o participado en un programa radial o televisivo desarrollando temas de béisbol al menos una vez por semana y durante un período de al menos diez años.

53   Si es o fue anotador de béisbol, debe comprobar haber realizado tal función durante al menos 300 juegos del béisbol profesional local. Si es o fue árbitro de béisbol, debe comprobar haber realizado tal función como árbitro principal durante al menos 200 juegos del béisbol profesional local.

54   Si es o fue historiador de béisbol, debe comprobar haber escrito al menos tres monografías, u obras equivalentes, de calidad comprobada a juicio del Consejo Directivo.

55   Si es un medio de comunicación social deberá reunir las condiciones que el Consejo Consultivo establezca en normativa especial.

56   Serán miembros mientras ocupen funciones oficiales:

a) Un directivo principal por cada equipo de béisbol profesional de la Liga Venezolana de Béisbol Profesional (LVBP) designado por su Junta Directiva.

b) El presidente, los vice-presidentes y el gerente general de la Liga Venezolana de Béisbol Profesional (LVBP).

c) El presidente de la Asociación de Peloteros Profesionales.

57   Toda persona exhaltada al Salón de la Fama es acreditada automáticamente como Elector.

58   El Consejo Directivo se reserva el derecho de desincorporar a cualquier miembro Elector por razones justificadas. De esta decisión no habrá apelación.

59   La acreditación será otorgada formalmente por el Consejo Directivo.

6   De los Jugadores Elegibles por el Comité Contemporáneo. El Comité Contemporáneo puede elegir anualmente tanto a jugadores venezolanos como a jugadores extranjeros que hayan cumplido con los siguientes requisitos:

61   El jugador debe haber estado activo en la Liga Venezolana de Béisbol Profesional (LVBP) o en las Grandes Ligas (MLB) al menos en una temporada en el período que empiece veinte y cinco (25) años antes y termine cinco (5) años antes de su primera participación en un proceso eleccionario.

62   Para que una temporada sea aceptada como tal, el jugador debe haber actuado en ella por lo menos la cantidad de entradas o juegos como lo establece la Regla 10.23 de las Reglas Oficiales de Béisbol.

63   El jugador debe haberse retirado de la pelota activa por lo menos cinco años antes del momento de su elección, lo que no le impide seguir conectado de alguna forma con el béisbol. El deceso de un posible candidato no reduce este lapso de espera.

64　El pelotero venezolano debe haber actuado en por lo menos 10 temporadas de la Liga Venezolana de Béisbol Profesional (LVBP) y/o en las Grandes Ligas (MLB). El pelotero extranjero debe haber participado en por lo menos cinco (5) temporadas en la Liga Venezolana de Béisbol Profesional (LVBP) y haber tenido adicionalmente en las Grandes Ligas un desempeño durante al menos 5 temporadas.

7　**Del Requisito Mínimo de Desempeño.** Se ha establecido límites mínimos de orden estadístico que todo pre-candidato debe igualar o rebasar, los cuales se mantendrán actualizados para reflejar la calidad de los jugadores que se vayan incorporando al juego con nivel de excelencia. Esta tarea le es encomendada al Consejo Directivo.　En el anexo se definen dichas categorías.

71　Para optar a ser electo todo lanzador debe obtener al menos ocho (8) puntos que resulten de sumar la cantidad de categorías estadísticas en las que haya superado la media aritmética con el doble de la cantidad de categorías en las que haya superado la media aritmética en una desviación típica.

72　El mismo criterio es aplicable a cualquier otro jugador mientras no se mejore la recopilación de datos estadísticos de juego y se puedan incorporar otras estadísticas de las actuaciones, en especial, a la defensiva.

73　No se permitirá elecciones automáticas basadas en actuaciones puntuales o hazañas extraordinarias, tales como un promedio al bate por encima de .400 o más o de un juego perfecto. Es la constante presencia de excelencia durante un tiempo determinado que es premiada o exaltada.

8　**Del Requisito Moral – Calidad de Buen Ciudadano.**
Adicionalmente al desempeño en el campo de juego, todo candidato

a ingresar al Salón de la Fama debe haber llevado comprobadamente una vida ejemplar siguiendo las normas de un buen ciudadano que respete las instituciones y los valores humanos.

81 Ningún candidato puede estar o haber estado incurso en delitos contra la moral pública, en asuntos relacionados con las drogas, o haber sido condenado por delitos sancionados en las Leyes Penales.

82 No se permite establecer un listado de inelegibles.

9 Del Proceso Eleccionario.

91 A mediados del mes de febrero de cada año, el Consejo Directivo emitirá las cédulas de votación en las que se mencionarán los candidatos que cumplan con los requisitos preestablecidos en los numerales 6, 7 y 8 de las presentes normas. Sólo sobre estos candidatos versará la votación por los Electores.

92 Cada elector podrá votar por un máximo de cuatro peloteros. Toda cédula que incluya más de cuatro votos será declarada nula.

93 Las cédulas deberán ser enviadas debidamente firmadas y en sobre cerrado a la dirección que oportunamente se indique. Para tal fin, los electores tendrán un plazo de veinte y un (21) días calendario a contarse a partir de la fecha que se señale oportunamente y determinado por el sello postal o sello de recepción por la empresa de encomiendas o del mismo Consejo Directivo. El Consejo Directivo determinará la forma de aceptación de otros métodos mecánicos o electrónicos.

94 Saldrán electos todos aquellos candidatos que obtengan por lo menos el 75% de los votos válidamente emitidos.

10   De la Permanencia en el Proceso Eleccionario. Todo candidato podrá permanecer en el proceso en forma indefinida siempre y cuando no descienda, en una segunda oportunidad, por debajo del 5% de los votos válidamente emitidos.

11   Del Escrutinio. El escrutinio tendrá lugar ante la presencia de por lo menos ocho (8) miembros del Consejo Directivo y será realizado por una empresa de auditoría de reconocido prestigio profesional designada por el Consejo Directivo. Los resultados obtenidos por cada candidato se versarán en un Acta de Escrutinio que deberá ser firmada por los miembros presentes del Consejo Directivo y el representante de la empresa de auditoría..

12   De la Publicación. Los resultados del Escrutinio de cada uno de los candidatos serán anunciados públicamente en un acto oficial. Los Electores se comprometen a no hacer del dominio público su voto personal, pues éste permanecerá en secreto.

Del Comité Histórico

13   De la Composición de los Electores. El Comité Histórico estará conformado por personas directamente designadas por el Consejo Directivo que reúnan características específicas de conocimientos de la historia del béisbol, de las herramientas del estudio histórico y del análisis estadístico propio del béisbol. Dichas personas también podrán ser simultáneamente miembros del Comité Contemporáneo si reúnen las condiciones exigidas.

14   Del Ámbito de Actuación. El Comité Histórico tiene la tarea de determinar aquellos candidatos que provienen de las siguientes áreas de actuación, y proceder a su eventual exaltación:

141 Jugadores Profesionales, venezolanos o extranjeros, que hayan actuado, antes de la tempoada 1980 /1981 y nunca después, en la Liga de Béisbol Profesional de Venezuela, así como también en las ligas profesionales de los estados Zulia y Lara y de la Liga Occidental. Así también los que actuaron durante los Años Dorados del béisbol venezolano (1927-1945).

142 Jugadores Profesionales venezolanos que hayan actuado en ligas del exterior en cualquier época, como Italia, Japón, México, Taiwan, Estados Unidos.

143 Personalidades que se hayan destacado en el campo de juego como managers o coaches, como árbitros o anotadores, o que se hayan desempeñado con méritos como dirigentes, cronistas, comentaristas, locutores o historiadores.

144 Cualquier otra persona que haya actuado en forma sobresaliente en alguna actividad relacionada con el béisbol tanto en el ámbito profesional como en el amateur, en los inicios de la historia venezolana del béisbol, en su etapa de consolidación o de su expansión.

15 De los Requisitos para ser Electo. Los candidatos, además de llevar o haber llevado una vida ejemplar como buen ciudadano, deberán reunir las siguientes condiciones:

151 El jugador incluido en los numerales 141 y 142 deberá cumplir con calificaciones similares a las especificadas en los numerales 7 y 8

152 Personalidades incluidas en los numerales 143 y 144 serán electas según criterios propios elaborados por el mismo Comité Histórico, pero considerando que deben haber hecho una contribución realmente significativa al desarrollo, consolidación y expansión del béisbol en el país.

16 De la Cantidad a ser Electos. Anualmente el Comité Histórico tendrá la potestad de exaltar:

161 A un sólo cantidato perteneciente al numeral 141 ó 142.

162 A un sólo cantidato perteneciente al numeral 143.

163 En ocasiones especiales, también podrá ser electa una persona del grupo 144.

164 Aquellos candidatos no exaltados en una oportunidad permanecerán indefinidamente como candidatos a ser elegidos posteriormente.

17 Del Proceso Eleccionario.

171 Los Electores del Comité Histórico realizarán durante todo el año un proceso interno activo, en el cual intercambiarán proposiciones por escrito, basadas en análisis históricos de la actuación de los candidatos propuestos.

172 Una vez al año, en el mes de mayo, se reunirá el Comité Histórico en la sede del Salón de la Fama para proceder a la elección de los candidatos a ser exaltados. Aquellos miembros que no puedan acudir a la reunión anual, les será permitido emitir su opinión por escrito en sobre cerrado.

173 Dichos sobres no podrán ser abiertos antes de una primera votación de los miembros presentes. En el caso de haber votos emitidos por correo se celebraría a continuación una segunda votación.

174 Para cada categoría definidas en el numeral 16 saldrá electo el candidato que obtenga la mayoría, pero siempre deberá recibir al menos un 50% más uno de los votos emitidos.

175 Las deliberaciones son secretas y sólo se podrá informar en un acto oficial el resultado del proceso eleccionario, cuando se

mencionen a las personas que hayan sido electas, pero no la cantidad de votos recibidos por cada candidato, ni los nombres de los votados por cada Elector.

176 Ningún miembro del Comité Histórico podrá ser exaltado al Salón de la Fama mientras esté activo como Elector.

Del Acto de Exaltación

18 **De la Fecha del Acto de Exaltación.** Anualmente y al principio del mes de octubre, se celebrará el acto de Exaltación. La primera tendrá lugar en el año 2002, en la oportunidad que lo determine el Consejo Directivo.

19 **Del Ceremonial.** El acto central consistirá de sendos discursos exaltando los méritos de los homenajeados y palabras personales de los Inmortalizados o de sus representantes. A cada homenajeado le será entregado una estatuilla alegórica al hombre y al deporte y que será una réplica de la original que se exhibirá en el recinto de los inmortales. De dicho acto se publicará un volumen impreso como un recuerdo histórico para la posteridad.

20 **Del Uniforme de Presentación.** Todo jugador/manager/coach exaltado definirá el uniforme del equipo con el cual quiere ser identificado. En caso de haber fallecido el Inmortalizado, el Comité Histórico hará tal designación.

21 **De los Derechos de Autor.** El Salón de la Fama se reserva todos los derechos de los elementos generados en torno al acto de exhaltación y sus consecuencias para fines de divulgación y/o comercialización. Los exaltados o sus herederos renuncian tácitamente a dichos derechos.

DISPOSICIONES FINALES

22 Aprobación de las Normas. Estas Normas han sido aprobadas en reunión de la Junta Directiva del Salón de la Fama — Museo de Béisbol y sólo podrán ser modificadas por dicha Junta Directiva.

23 Sede. La sede oficial del Salón de la Fama está ubicada en la ciudad de Valencia, en las instalaciones del Museo de Béisbol.

24 De la Primera Votación y Exaltación. Para inaugurar el Salón de la Fama el Consejo Directivo ha decidido exaltar a las siguientes personas:

a) Jugadores: Luis Aparicio Montiel, José de la Trinidad Bracho, Alejandro Carrasquel, Alfonso Carrasquel, David Concepción, Victor Davalillo, Luis "Camaleón" García, Vidal López, Diego Seguí y César Tovar.

b) Otras personalidades: José Antonio Casanova, Roberto Olivo, Abelardo Raidi y José Antonio Yanes.

Valencia, septiembre del 2002

VARIABLES DE LOS PRE-CANDIDATOS [LIGA CENTRAL]
– MEDIAS Y DESVIACIONES TÍPICAS –

BATEADORES (n = 68)	MEDIA	S
Juegos Jugados (JJ)	548	95.9
Incogibles (H)	550.3	276.5
Cuadrangulares (HR)	20.5	18.9
Carreras Impulsadas (CI)	220.8	99.4
Carreras Anotadas (CA)	258.8	129.6
Bases Robadas (BR)	43.1	34.9
Lider en Bateo de la Liga	1.26	1.85
Promedio al Bate (AVE)	.284	.017
Bases Alcanzadas (TBA)	727.7	346.2
Promedio de Embasado (PEM)	.308	.036
Promedio de Slugging (SLG)	.376	.046
Relación VB/CI	9.05	2.56
Poder Aislado (PAIS)	.097	.037
Porcentaje de HR	1.18	1.10

LANZADORES (n = 45)	MEDIA	S
Juegos Lanzados (JL)	172.9	101.6
Juegos Completados (JC)	16.5	21.3
Juegos Ganados (JG)	39.9	23.2
Entradas Lanzadas (EL)	631.5	376.8
Ponches Otorgados (K)	367.1	213.1
Temporadas Activo	11.7	4.9
Lider Lanzador de la Liga	1.13	1.46
Promedio Ganados (PG)	.557	0.079
Puntos Fibonácci (PFI) (James)	30.7	21.7
Efectividad (EFE)	2.98	0.54
Ponches por cada 9 Entradas	5.2	1.51
Relación K / BB	1.8	0.6
Hits Permitidos por cada 9 Entradas ...	8.46	0.84
BB Otorgadas por cada 9 Entradas ..	3.21	0.86

Lider en Bateo de la Liga: Veces que el Jugador lideró la Liga en Promedio al Bate, Cuadrangulares y/o Carreras Impulsadas.

Bases Alcanzadas (TBA): Suma de los Sencillos multiplicado por uno, de los Dobles multiplicado por dos, de los Triples multiplicado por tres y de los Cuadrangulares multiplicado por cuatro.

Promedio de Slugging (SLG): Total de Bases Alcanzadas [TBA] dividido entre Veces al Bate [VB]

Promedio de Embasado (PEM): (H +BB+GP) dividido entre (VB+BB+GP+SF)

Relación VB/CI: Cantidad de Turnos al Bate por cada Carrera Impulsada.

Poder Aislado (PAIS): (TBA - Sencillos) dividido entre VB

Porcentaje de HR: Indica la Cantidad de Cuadrangulares por cada 100 Turnos al Bate.

Juegos Lanzados (JL): Cantidad de Juegos en los que ha participado como Lanzador.

Juegos Completados (JC): Cantidad de Juegos que un Lanzador haya finalizado sin la necesidad de la ayuda de un Relevista.

Lider Lanzador de la Liga: Veces que un Lanzador lideró la Liga en Juegos Ganados, Ponches Otorgados y/o Efectividad.

Promedio Ganados (PG): (JG) dividido entre (JG+JP)

Puntos Fibonacci (PFI): Esta fórmula coloca para un lanzador en una misma expresión el registro de Ganados y Perdidos, que tiene tres dimensiones de excelencia: (JG, PG y Juegos por encima de .500).
Fórmula: JG*JG/(JG+JP) + (JG–JP)

   [JG multiplicado por el Promedio de Juegos Ganados más Juegos por encima de .500]

Efectividad (EFE): Cantidad de Carreras Limpias Permitidas por cada nueva Entradas Lanzadas.

Nota: Las Medias Aritméticas y las Desviaciones Típicas (s) fueron calculadas de los datos estadísticos de los peloteros que cumplen con los requisitos de tiempo establecidos en las presentes normas según sus actuaciones en la Liga Central en el período 1946 - 2000. Las estadisticas fueron tomadas de la Enciclopedia del Béisbol en Venezuela de Daniel Gutiérrez et alea y de Line Score Estadísticas, C.A.

ORGANIGRAMA DEL SALÓN DE LA FAMA

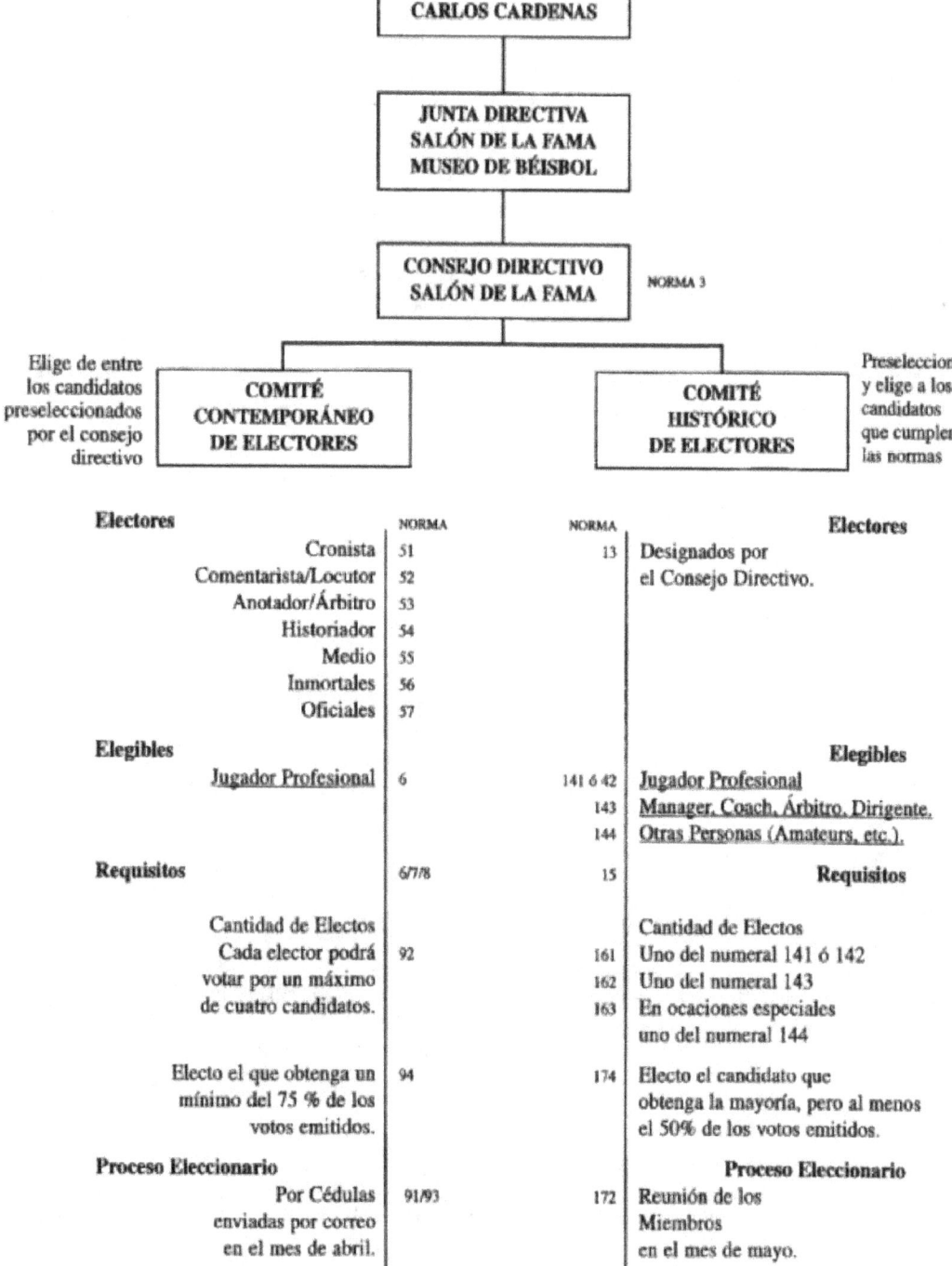

FUNDACION DEPORTIVA CARLOS CARDENAS

JUNTA DIRECTIVA SALÓN DE LA FAMA MUSEO DE BÉISBOL

CONSEJO DIRECTIVO SALÓN DE LA FAMA   NORMA 3

Elige de entre los candidatos preseleccionados por el consejo directivo

COMITÉ CONTEMPORÁNEO DE ELECTORES

COMITÉ HISTÓRICO DE ELECTORES

Preselecciona y elige a los candidatos que cumplen las normas

Electores	NORMA	NORMA	Electores
Cronista	51	13	Designados por
Comentarista/Locutor	52		el Consejo Directivo.
Anotador/Árbitro	53		
Historiador	54		
Medio	55		
Inmortales	56		
Oficiales	57		

Elegibles			Elegibles
Jugador Profesional	6	141 ó 42	Jugador Profesional
		143	Manager, Coach, Árbitro, Dirigente,
		144	Otras Personas (Amateurs, etc.).

Requisitos	6/7/8	15	Requisitos
Cantidad de Electos			Cantidad de Electos
Cada elector podrá	92	161	Uno del numeral 141 ó 142
votar por un máximo		162	Uno del numeral 143
de cuatro candidatos.		163	En ocaciones especiales uno del numeral 144
Electo el que obtenga un	94	174	Electo el candidato que
mínimo del 75 % de los			obtenga la mayoría, pero al menos
votos emitidos.			el 50% de los votos emitidos.

Proceso Eleccionario			Proceso Eleccionario
Por Cédulas	91/93	172	Reunión de los
enviadas por correo			Miembros
en el mes de abril.			en el mes de mayo.

3. **Eligible Candidates** — Candidates to be eligible must meet the following requirements:
   1. A baseball player must have been active as a player in the Major Leagues at some time during a period beginning twenty (20) years before and ending five (5) years prior to election.
   2. Player must have played in each of ten (10) Major League championship seasons, some part of which must have been within the period described in 3 (A).
   3. Player shall have ceased to be an active player in the Major Leagues at least five (5) calendar years preceding the election but may be otherwise connected with baseball.
   4. In case of the death of an active player or a player who has been retired for less than five (5) full years, a candidate who is otherwise eligible shall be eligible in the next regular election held at least six (6) months after the date of death or after the end of the five (5) year period, whichever occurs first.
   5. Any player on Baseball's ineligible list shall not be an eligible candidate.

4. **Method of Election**
   1. BBWAA Screening Committee — A Screening Committee consisting of baseball writers will be appointed by the BBWAA. This Screening Committee shall consist of six members, with two members to be elected at each Annual Meeting for a three-year term. The duty of the Screening Committee shall be to prepare a ballot listing in alphabetical order eligible candidates who (1) received a vote on a minimum of five percent (5%) of the ballots cast in the preceding election or (2) are eligible for the first time and are nominated by any two of the six members of the BBWAA Screening Committee.
   2. An elector will vote for no more than ten (10) eligible candidates deemed worthy of election. Write-in votes are not permitted.
   3. Any candidate receiving votes on seventy-five percent (75%) of the ballots cast shall be elected to membership in the National Baseball Hall of Fame.

5. **Voting** — Voting shall be based upon the player's record, playing ability, integrity, sportsmanship, character, and contributions to the team(s) on which the player played.

Numeral 5. Votación

El Salón de la Fama de Cooperstown no requiere de ninguna precalificación numérica basada en el desempeño en el campo de juego para ser incluido en la lista. Dos miembros del Comité Evaluador pueden con criterios **subjetivos** proponer la inclusión como Candidato de un jugador que cumple tan solo con los requisitos del tiempo (ver pto. 3 - Candidatos Elegibles). Pero, ya hay voces que señalan la necesidad de establecer un mínimo de WAR por posición en el campo de juego para poder ser Elegible.

Todos los argumentos (razonamiento, juicio) son habilidades, características, cualidades, epítetos, calificativos y tan solo menciona **los registros** del jugador en forma muy general como un elemento a ser considerado o valorado para acreditarse el voto de un elector. Ninguno representa una valoración numérica, medible o que permite una comparación objetiva de rango, categoría, jerarquía, escalafón, ranking, grado.

BIBLIOGRAFÍA

LIBROS - Sabermétricos - Estadísticas - de mi biblioteca personal

Albert, Jim & Bennett, Jay. *Curve Ball*. Springer-Verlag, New York, 2001

Albert, Jim. *Teaching Statistics Using Baseball*. Mathematical Association of America, Washington DC, 2003

Baumer, B. & Zimbalist, A. *The Sabermetric Revolution*. University of Pennsylvania, PA, 2014

Birnbaum, Phil. *The Best of By The Numbers*. SABR. Cleveland, OH, 2003

Burnson, John. *Graphical Player. The Next Step in Sabermetric Research*. Shandler Enterprises, LLC, Roanoke, VA, 2007

Castrovince, Anthony. *A Fan's Guide to Baseball Analytics*. Sports Publishing. NY, 2020

Carroll, Will. *The Science of Baseball*. Skyhorse Publishing, Inc. New York, 2022

Chadwick, Henry. *The Game of Base Ball* - George Munro & Co. 1868. A Springer Archival Classics reprint, Chatham, NY.

Chafets, Zev. *Cooperstown Confidential*. Bloomsbury, New York, 2006

Cook, Earnshaw. *Percentage Baseball*. The MIT Press, Cambridge, MA, 1966

Costa, Gabriel *et alea* (Huber, Saccoman).
  Understanding Sabermetrics. McFarland, Jefferson, NC, 2008
  Practicing Sabermetrics. McFarland, Jefferson, NC, 2009
  Reasoning with Sabermetrics. McFarland, Jefferson, NC, 2012

Decatur, Doug. *Behind-The-Scenes. Baseball. Real-Life Applications of Statistical Analysis*. Acta Sports, Slokie, Ill, 2006

Felber, Bill. *The Book on the Book*. Tomas Dunne Books. New York, 2005

Gill, Dwight. *Mathematics in Baseball: The Science of the Art*. Rational Perspective, Inc, Sarasota, FL, 1989

Gregory F. Augustine Pierce. Editor. *How Bill James Changed Our View of Baseball*. Acta Sports, Skokie, Ill, 2007

Guzzo, Glenn. *The New Ballgame - Understanding Baseball Statistics*. Acta Sports, Skokie, Ill, 2007

Hoban, Michael. *A Good CAWS: A Hall of Fame Handbook*. BookLocker.com, Inc, 2011

James, Bill. *The Bill James Baseball Abstract*. Ballantine Books, New York, 1982, 1983, 1984, 1985
The Bill James Historical Baseball Abstract. Villard Books, NY, 1986
The New Bill James Historical Baseball Abstract.The Free Press, NY, 2001
The Bill James Handbook 2010. Acta Sports, Skokie, Ill, 2009
The Bill James Handbook 2023. Acta Sports, Chicago, Ill, 2022
This Time Let's Not Eat the Bones. Villard Books, New York, 1989
James, Bill with Henzler, Jim. *Win Shares*. Stats Inc. Morton Grove, Ill, 2002

Keri, Jonah. Editor. *Baseball Between The Numbers*. Basic Books, New York, 2006

Koppett, Leonard. T*he New Thinking Fan's Guide to Baseball*. Simon & Schuster, 1991

McConnell, John. *Cooperstown by the Numbers - An Analysis of Baseball Hall of Fame Elections*. McFarland, Jefferson, NC, 2010

Schwarz, Allen. *The Numbers Game*. Thomas Dunne Books, New York, 2004

Tango, Tom. *The BOOK*. Potomac Books, Inc. Washington, 2007

Vail, James F. *The Road to Cooperstown - A Critical History of Baseball's Hall of Fame Selection Process*. McFarland, Jefferson, NC, 2001

Winston, Wayne L. *Mathletics*. Princeton University Press, 2009

www.ingramcontent.com/pod-product-compliance
Lightning Source LLC
Chambersburg PA
CBHW080852220526

45467CB00008B/2482